国家出版基金项目
NATIONAL PUBLICATION FOUNDATION

“十四五”国家重点出版物出版规划项目

“双碳”目标下清洁能源气象服务丛书

丛书主编：丁一汇　丛书副主编：朱 蓉　申彦波

宁夏新能源资源评估与服务

孙银川　高 娜　等　编著

气象出版社
China Meteorological Press

内容简介

本书系统梳理了近10年宁夏风能、太阳能资源开发利用气象服务工作的主要成果，从新能源开发利用现状、风能太阳能观测与资源评估、低风速风电开发潜力、光热资源开发潜力及气象灾害对风光资源的影响等方面较为全面地介绍了宁夏风能、太阳能资源特性。这些成果不仅为宁夏新能源开发提供了科学依据，还显著提升了风能、太阳能资源的高效利用水平，推动了宁夏新能源产业的可持续发展。本书可为区域绿色低碳发展提供技术支撑，对应对气候变化、改善生态环境、促进经济社会绿色转型具有重要意义。

图书在版编目（CIP）数据

宁夏新能源资源评估与服务 / 孙银川等编著. 北京 : 气象出版社, 2024. 12. -- (“双碳”目标下清洁能源气象服务丛书 / 丁一汇主编). -- ISBN 978-7-5029-8377-2

Ⅰ. TK01; P41

中国国家版本馆CIP数据核字第2024PL4821号

宁夏新能源资源评估与服务

Ningxia Xin Nengyuan Ziyuan Pinggu yu Fuwu

出版发行：气象出版社

地　　址：北京市海淀区中关村南大街46号　　**邮政编码**：100081

电　　话：010-68407112（总编室）　010-68408042（发行部）

网　　址：http://www.qxcbs.com　　**E-mail**：qxcbs@cma.gov.cn

丛书策划：王萃萃　　**终　　审**：张　斌

责任编辑：王萃萃　　**责任技编**：赵相宁

封面设计：艺点设计　　**责任校对**：张硕杰

印　　刷：北京地大彩印有限公司

开　　本：787 mm×1092 mm　1/16　　**印　　张**：6.25

字　　数：161千字

版　　次：2024年12月第1版　　**印　　次**：2024年12月第1次印刷

定　　价：65.00元

编著者名单

孙银川　高　娜　王素艳　杨建玲

左河疆　李　欣　朱晓炜　高睿娜

马　阳　王　璠　王　岱

丛书前言

2020 年 9 月 22 日，在第七十五届联合国大会一般性辩论上，国家主席习近平向全世界郑重宣布——中国“二氧化碳排放力争于 2030 年前达到峰值，努力争取 2060 年前实现碳中和”。这是中国应对气候变化迈出的重要一步，必将对全球气候治理产生变革性影响。加快构建清洁低碳、安全高效能源体系是实现碳达峰、碳中和目标的重要部分，近年来，我国清洁能源发展规模持续扩大，为缓解能源资源约束和生态环境压力做出了突出贡献。但同时，清洁能源发展不平衡不充分的矛盾也日益凸显，不能满足当前清洁能源国家统筹、省负总责，建立国家和省两级协调，以省为主体统筹开展基地开发建设的发展需求，高质量跃升发展任重道远；各地区资源分布不均衡，需要因地制宜、分类施策，准确识别各区域具备开发利用条件的资源潜力至关重要。因此，迫切需要提高清洁能源气象服务保障能力。

风、光等作为气候资源，必然受到气象条件的影响，气象影响贯穿电场建设运行的始终，气象服务保障、气候评估等工作至关重要。气象部门以服务需求为引领，积累了基础风能太阳能资源观测资料，开展了资源评估，形成了风能太阳能资源监测和预报能力。面对目前的挑战和需求，气象出版社组织策划了“‘双碳’目标下清洁能源气象服务丛书”(以下简称“丛书”)，丛书系统全面介绍了包含陆上风能、海上风能、太阳能、水能、生物质能、核能等清洁能源特征，及其观测、预报预测、资源评估和开发潜力分析，相关气象灾害及其评估、预测与预警，各区域清洁能源发展规划、对策等新成果，介绍了各区域清洁能源开发利用气象保障服务体系框架、典型案例、应用示范以及煤炭清洁高效开发利用等方面的代表性成果，为助力能源绿色低碳转型，保障能源安全，实现碳达峰、碳中和目标，应对气候变化，促进我国经济社会高质量可持续发展提供科技支撑与服务。

丛书涵盖华北、东北、西北、华中、东南沿海、西南、新疆等区域中风能、太阳能等资源丰富和有代表性的地区，并覆盖水资源丰富的长江、黄河、金沙江、西江流域等，覆盖面广，内容全面，兼顾了科学性和实用性，既可为气象、能源、电力等相关领域的科研、业务人员提供参考，也可为政府部门统筹规划、精准施策提供科学依据。中国气象局首席气象专家朱蓉研究员和申彦波研究员作为丛书副主编，为保障丛书的顺利编写和出版做出了重要贡献；丛书编写团队集合了清洁能源气象观测、预报、科研、业务一线专家，涵盖了全国各区域的清洁能源科技创新团队带头人、首席专家和技术骨干，保证了丛书的科学性、权威性、创新性。

丛书得到中国工程院院士李泽椿和徐祥德的支持与推荐，列入了“十四五”国家重点出版物出版规划项目，并得到国家出版基金资助。丛书的组织和实施得到中国气象局、相关省(自治区、直辖市)气象局及电力、水利相关部门领导和专家的全力支持。在此，一并表示衷心感谢！

丛书编写出版所用的基础资料数据时间序列长、使用要素较多，涉及专业面广，参与编写人员众多，组织协调工作有一定难度，书中难免出现错漏之处，敬请广大读者批评指正。

丛书主编：丁一汇

2024年5月

本书前言

宁夏回族自治区煤炭资源丰富，是优势矿产资源，2022年全区发电量中火力发电量占比67.8%。同时，作为国家太阳能资源Ⅰ类区和风能资源Ⅲ类区，宁夏的能源结构具有显著的多元化特征，传统能源与新能源协同发展。新能源装机规模持续提升，截至2024年底，新能源装机达4132万kW，超过了统调电力总装机的50%，成为全区第一大电源，且新能源利用率达到97.6%，居西北第一。宁夏单位国土面积新能源开发强度居全国首位，人均新能源装机居全国前列。

风能和太阳能资源的开发具有深远意义。环境上，它们属于清洁能源，在发电过程中基本不产生温室气体与污染物，有助于应对气候变化，改善空气质量，且对生态环境破坏小。经济上，能促进能源供应多元化，降低对传统化石能源的依赖，带动风力发电、太阳能电池板生产、储能设备研发、智能电网建设等产业发展，创造就业机会并推动技术创新与产业升级，同时开发成本逐渐降低，有望提高能源利用效率。社会层面，可提升能源可及性，为偏远或无电地区居民提供电力，解决用电难题，提升生活水平，还能增强公众环保意识，促进全社会形成绿色低碳发展理念。因此，风能和太阳能资源的开发于环境、经济、社会而言均意义重大。

风能和太阳能作为极具潜力的可再生能源，在推动全球能源转型中扮演着关键角色。然而，它们的不稳定性也是不可忽视的挑战。风能受气候条件影响大，其发电输出功率随季节、昼夜及天气变化而波动，使得风力机组所承受的风况条件非常复杂，难以精准预测与稳定供应。太阳能同样受自然因素影响，昼夜交替使发电集中于日间，且阴雨、云层遮挡会削弱光照强度，导致发电效率降低，电能供应不稳定。这种不稳定性不仅影响电力供应的连续性，还给电网调度与管理带来难题。

因此，全面详细地开展风能、太阳能资源评估及开发潜力研究，可明确风能、太阳能在不同地区的可开发量，为制定合理的能源政策、投资计划和项目建设提供支撑，促进清洁能源的有效利用，减少对传统化石能源的依赖，实现节能减排目标。

本书紧密结合宁夏风能、太阳能发电开发利用需求，汇集了近 10 年宁夏风能、太阳能资源开发利用气象服务工作的主要成果，科学估算了宁夏风能、太阳能资源储量、精细化分布特征等，较为全面地介绍了宁夏风能、太阳能资源特性，为宁夏新能源开发提供了科学依据，对应对气候变化、改善生态环境、促进经济社会绿色转型具有重要意义。

由于作者水平所限，书中不妥之处恳请读者批评指正。

作者

2024年12月

目录

丛书前言

本书前言

第 1 章 绪论/ 1

1.1 背景 …… 2
1.2 宁夏能源及碳排放现状 …… 3
1.3 挑战 …… 6
1.4 机遇 …… 7

第 2 章 自然地理概况/ 9

2.1 地形地貌 …… 10
2.2 基本气候特征 …… 13

第 3 章 风能太阳能观测/ 17

3.1 风能资源观测 …… 18
3.2 太阳能资源观测 …… 19

第 4 章 风能太阳能资源评估/ 25

4.1 风能资源评估 …… 26
4.2 风电发展潜力 …… 26
4.3 太阳能资源评估 …… 27
4.4 光伏发电发展潜力 …… 28

第 5 章 低风速分布式风电开发/ 31

5.1 分布式发电概念、优势、必要性 …… 32
5.2 适宜低风速、分布式开发的风资源条件 …… 33

第6章 光热发电资源分析/ 41

6.1 观测资料收集 …… 42
6.2 观测年太阳能资源评估 …… 47
6.3 代表年太阳能资源分析 …… 54
6.4 辐射敏感性分析 …… 66
6.5 长年代太阳辐射变化特征分析 …… 67
6.6 区域太阳能资源空间分析 …… 75

第7章 风能太阳能开发利用高影响天气及灾害预警/ 83

7.1 新能源开发利用高影响天气 …… 84
7.2 新能源开发利用气象灾害预警 …… 85
7.3 措施及成效 …… 86
7.4 效益评估 …… 87
7.5 发展与展望 …… 87

参考文献 …… 88

第1章 绪论

1.1 背景

1.1.1 国家战略发展需要

2020 年 9 月 22 日，在第七十五届联合国大会一般性辩论上，国家主席习近平向全世界郑重宣布——中国“二氧化碳排放力争于 2030 年前达到峰值，努力争取 2060 年前实现碳中和”；在领导人气候峰会上深入阐述应对气候变化挑战之策，倡导共同构建人与自然生命共同体，彰显了中国对气候变化问题的高度重视，以及对全球环境治理的大国担当。党的十九届五中全会首次将碳达峰和碳中和目标纳入“十四五”规划建议，并在 2020 年 12 月召开的中央经济工作会议上将其作为 2021 年的重要任务进行部署。国务院《关于加快建立健全绿色低碳循环发展经济体系的指导意见》（国发〔2021〕4 号）首次从全局高度对建立健全绿色低碳循环发展的经济体系作出顶层设计和总体部署。

1.1.2 气象事业发展需要

中国气象局党组专题传达学习了习近平总书记在领导人气候峰会上发表的题为《共同构建人与自然生命共同体》的重要讲话精神，结合党中央关于应对气候变化和实现碳达峰、碳中和有关要求，研究部署了气象部门贯彻落实举措：要求切实提高应对气候变化工作的思想自觉、政治自觉和行动自觉；积极参与我国正在制定的碳达峰行动计划，按照把碳达峰、碳中和纳入经济社会发展和生态文明建设整体布局的要求和相关部署，主动为我国开展碳达峰、碳中和工作提供科学支撑。

1.1.3 服务地方发展需要

2021 年 11 月 27 日，宁夏回族自治区科技厅出台《宁夏碳达峰碳中和科技支撑行动方案》（简称《方案》），围绕建设黄河流域生态保护和高质量发展先行区、实现碳达峰碳中和目标重大科技需求，组织实施绿色低碳关键核心技术攻关、绿色低碳先进科技成果引进转化、绿色低碳科技创新平台创建等八项碳达峰碳中和科技支撑行动，为宁夏生态文明建设和高质量发展提供有力科技支撑。《方案》明确，到 2025 年，宁夏将初步构建自治区减碳、零碳、负碳技术创新体系，关键核心技术攻关和成果转化能力水平明显提高，可再生能源、储能、氢能、CCUS（碳捕集、利用与封存）、工业节能降碳等技术有所突破，支持打造 10 个碳中和科技创新示范项目，培育 20 家绿色低碳创新型企业，培养引进 20 个绿色低碳领域领军人才和创新团队，建设一批绿色低碳领域科技创新平台，转化应用一批绿色低碳科技成果。

2022 年 1 月 8 日，宁夏回族自治区党委、人民政府印发了《关于完整准确全面贯彻新发展理念　做好碳达峰碳中和工作的实施意见》（简称《意见》）。对全区碳达峰碳中和重大工作做出系统谋划和全面部署。《意见》明确提出“到 2025 年重点行业能源利用效率大幅提升，全区单位地区生产总值二氧化碳排放比 2020 年下降 16%。到 2030 年全区单位地区生产总值二氧化碳排放大幅下降，二氧化碳排放量达到峰值。加强能耗及二氧化碳排放控制目标分析预警，定期发布各地晴雨表，及时采取调控措施，严格责任落实和评价考核。加强甲烷等非二氧化碳温室气体管控”。

1.2 宁夏能源及碳排放现状

1.2.1 能源生产与消费现状

(1)一次能源生产结构

宁夏本地的一次能源生产以煤品为主；油品和天然气的生产量占比极低，近年不再有原油和天然气产量；近年来水电、风电、光伏发电等一次电力的生产量占比逐步提升。按电力等价值计算，2019 年，宁夏一次能源生产量中，原煤生产量占比达到 83.5%；其余为一次电力生产量，占比为 16.5%。2010—2019 年宁夏一次能源生产量占比除了本地一次能源生产外，宁夏原煤、原油、天然气均为净调入。随着煤制油等耗煤项目投产，自 2014 年起宁夏由煤炭净调出区转为煤炭净调入区，区内煤炭供应缺口逐年加大。2019 年，宁夏原煤净调入 3298.7 万 t 标准煤，占全区煤品消费量的 53.1%。

(2)能源消费总量

2001—2019 年，宁夏能源消费总量呈不断增长态势，与地区生产总值的增长趋势基本一致。“十五”末、“十一五”末和“十二五”末，全区能源消费总量分别达到 2499.6 万 t 标准煤、3628.1 万 t 标准煤、5404.7 万 t 标准煤。2019 年，全区能源消费总量为 7648.0 万 t 标准煤。

(3)能耗强度

2001—2019 年，宁夏能耗强度整体上呈下降趋势，由 2001 年的 4.94 t 标准煤/万元下降至 2019 年的 3.99 t 标准煤/万元(采用 2000 年可比价)，年均下降 1.18%。进入“十三五”，全区能耗强度下降速度减缓，2017—2019 年能耗强度有所回升，这主要是由于 2016 年 12 月宁东能源化工基地建成投产了神华宁煤 400 万 t 煤炭间接液化项目和神华宁夏煤业集团有限责任公司煤泥综合利用项目，2017 年这两个项目的综合能耗分别达到 460.61 万 t 标准煤和 137.80 万 t 标准煤，两个项目在 2017 年新增能耗合计为 598.41 万 t 标准煤；2018 年这两个项目的综合能耗分别达到 825.78 万 t 标准煤和 156.22 万 t 标准煤，两个项目在 2018 年新增能耗合计为 383.58 万 t 标准煤，导致 2017—2018 年全自治区能源消费量显著增长。2019 年，宁东基地国能集团 400 万 t 煤炭间接液化项目、宁夏宝丰能源集团焦炭气化制 60 万 t/a 烯烃项目、宁东煤电基地外送煤电项目的能源消费量共达到 1106 万 t 标准煤。

(4)能源消费结构

2019 年，宁夏能源消费以煤炭为主，煤炭消费量占宁夏能源消费总量的比例达到 81%，其次是风电、光电、水电等可再生能源消费量，占比为11%。石油和天然气消费量占比很小，均为4%。

(5)分行业能源消费结构

2019年宁夏全区能源消费总量中，工业能源消费量占比最大，占全区能源消费总量的89.8%。服务业、居民生活、交通的能源消费占比很低，在2%～4%。农业和建筑业的能源消费占比最低，均仅占1%。

在工业能源消费中，化工、钢铁、有色、非金属四个行业的能源消费量占比最大，四个行业的能源消费总量占比之和达到工业能源消费总量的77%，占自治区能源消费总量的69%。其中，化工行业能源消费占比居首，占自治区能源消费总量的42%。其次是钢铁行业，占自治区能源消费总量的15%。此外，有色金属、非金属行业的能源消费量分别占自治区能源消费总量的7%和5%。除了以上四个行业的其他工业行业，计入其他工业中，能源消费占自治区能源消费总量的21%。

在工业行业中，对于煤炭开采和洗选、电力热力的生产和供应、石化、纺织及其他的工业行业，其终端能源消费占比低于增加值占比，属于工业中低能耗、高增加值的行业；而对于化工、有色、钢铁、建材行业，其终端能源消费占比高于增加值占比，属于工业中高能耗、低增加值的行业。

在全区工业的煤炭终端消费量中，化工行业的煤炭终端消费量占比最高，达到58%；其次为钢铁行业、石化行业和建材行业，占比分别为15%、15%和8%。因此，对于宁夏全区的煤炭消费量，主要用于火力发电的能源加工转换，以及化工、钢铁、建材行业的终端消费。

1.2.2 碳排放现状

(1)碳排放总量

2013—2019年，宁夏碳排放总量呈增长趋势，由2013年的10614.8万t二氧化碳增长至2019年的17880.2万t二氧化碳，年均增长9.1%。“十三五”期间，2017年、2018年、2019年连续3年出现碳排放量较大增幅，分别比上一年增长2173.7万t、1426.0万t、1041.4万t二氧化碳，主要原因是宁东能源化工基地在2017—2019年新建成投产的煤化工项目带来的能源消费增量和碳排放增量较大。其中，2017年宁东能源化工基地投产的神华宁煤400万t煤炭间接液化及综合配套项目和中国石化长城能源化工煤基多联产项目两个重点煤化工(煤制油)项目，新增能源消费量为656.46万t标准煤，宁东能源化工基地煤化工(煤制油)项目碳排放量达到4487.78万t二氧化碳。

2018年宁东能源化工基地的神华宁煤400万t煤炭间接液化及综合配套项目和中国石化长城能源化工煤基多联产项目投产带来新增能源消费量571.21万t标准煤，宁东能源化工基地煤化工(煤制油)项目碳排放量达到5766.80万t二氧化碳。

2019年，宁东基地国能集团400万t煤炭间接液化项目、宁夏宝丰能源集团焦炭气化制60万t/a烯烃项目、宁东煤电基地外送煤电项目的碳排放量达到2585.59万t二氧化碳。

(2)碳排放强度

2013—2019年，宁夏的单位地区生产总值碳排放(即碳强度，采用2013年可比价)变化的波动较大，整体呈增长趋势，2019 年达到 4.5 t 二氧化碳/万元。与此同时，宁夏的单位能源碳排放整体同样呈增长趋势，2015 年大幅增长，随后几年缓慢下降，2019 年为 2.34 t 二氧化碳/t 标准煤。单位能源碳排放的增长，反映出宁夏能源结构有向高碳转变的趋势。

(3)分能源品种碳排放量占比

从能源消费品种角度看，2019 年宁夏碳排放总量以煤炭消费产生的排放为主，油品和天然气消费产生的碳排放均相对较低。因此，从能源利用品种角度看，控制煤炭消费量是实现控制自治区碳排放总量的关键因素。

(4)分行业碳排放量占比

从分行业角度看，2019 年宁夏碳排放总量中，工业产生的碳排放占自治区碳排放总量的绝大部分，达到 89%。服务业和居民生活碳排放占比很小，均为 4%。建筑业、农业碳排放占比仅为 1%。

在工业中，化工行业碳排放占比最高，占自治区碳排放总量的 35%。钢铁行业碳排放占比其次，占自治区碳排放总量的 14%。此外，有色金属、非金属行业的碳排放分别占自治区碳排放总量的 8%和 6%。除了以上四个行业的其他工业行业，计入其他工业中，碳排放占比为 25%。

1.2.3 重点排放源分析

根据以上能源消费和碳排放现状分析，宁夏碳排放的主要来源是工业，2019 年工业碳排放占自治区碳排放总量的 89%。在工业行业中，化工、钢铁、有色、非金属四大行业是工业碳排放的主要来源，因此是控制工业碳排放的重点领域。其中，化工行业不仅是全区重点排放领域，而且是能源消费和碳排放增长的主要领域。2016—2018 年 3 年间，宁东能源化工基地新投产的两个主要煤化工项目的能源消费增量达到 1443.35 万 t 标准煤，接近“十三五”期间全区的能耗增量控制目标 1500 万 t 标准煤。此外，宁夏宝丰能源集团焦炭气化制 60 万 t/a 烯烃项目于 2019 年投产，计划 2020 年达到最大年综合能耗 467.37 万 t 标准煤。因此，宁东能源化工基地的重大煤化工项目是控制工业领域碳排放的重中之重。

此外，从经济发展贡献的角度看，化工、钢铁、有色、非金属四大工业行业产生了全区绝大部分碳排放，但对应的行业增加值之和仅占全区的 7.5%；相反，第一产业、建筑业、第三产业产生的碳排放在全区占比较低，但对应的行业增加值之和占全区的 68.2%。工业中除化工、钢铁、有色、非金属四大行业之外的其他工业，其增加值占比与碳排放占比较为接近，说明其他工业的碳排放强度接近全区平均水平。

从能源消费品种角度看，宁夏碳排放的主要来源是煤炭消费，占自治区碳排放总量(不计入调入调出电力的碳排放)的 94.3%，因此煤炭是宁夏控制碳排放的关键能源品种。

1.3 挑战

“十四五”推动宁夏回族自治区应对气候变化工作还面临着一系列的挑战：产业结构偏重，以能源化工产业为主导的产业结构高碳排放特征明显，六大高耗能行业对能耗总量的影响远大于对增加值的贡献；短期内战略性新兴产业难以替代传统产业成为支撑宁夏经济社会发展的主导产业，缺少低能耗、低排放的新兴产业增长动力，产业绿色低碳转型升级困难较大。能源结构偏煤，受资源禀赋、产业结构、发展规划等影响，“一煤独大”的能源消费格局短期内难以改变，煤炭消费持续增长，高碳化的能源结构给能耗“双控”和碳强度控制工作带来巨大挑战，能源结构优化调整任务艰巨。生态总体脆弱，宁夏是典型的生态脆弱区，也是西北地区重要的生态安全屏障。显著的生态战略地位既是优势，但也对积极适应气候变化提出了更高要求。“十四五”时期，统筹推进黄河流域生态保护与高质量发展，统筹协调“三山”（贺兰山、六盘山、罗山）等生态脆弱地区生态保护与高质量发展等工作成为重大课题。

1.3.1 经济增长目标压力带来降碳压力

宁夏人均地区生产总值仍低于全国平均水平，南部山区为国家级贫困地区，脱贫任务艰巨。“十三五”期间宁夏地区生产总值年均增长目标为7.5%以上，对比全国国内生产总值年均增长目标为6.5%以上，宁夏经济增速高于全国一个百分点。若要完成“十三五”经济增长目标任务，“十四五”期间宁夏仍需保持经济快速发展，对应的能源消费需求也将上涨。在全区能源结构短期内仍以煤炭为主的情况下，经济快速增长带来的能源消费量增长，将对全区控制碳排放量带来明显压力。

1.3.2 接替传统工业的新兴产业发展缓慢

宁夏作为典型资源型工业地区，多年来工业以煤基产业为主导，虽大力发展羊毛、生物医药等特色轻工业，但近年生产工艺低于环保要求，出现企业关停、产能萎缩的情况，未来退出落后产能、新建先进生产线还需一段时间，因此，短期内特色轻工业和战略性新兴产业难以成为支撑宁夏经济社会发展的主导工业之一。此外，在服务业方面，宁夏传统服务业已基本发展成熟，产业规模基本稳定，而现代服务业尚在建设完整的产业链，其中金融业目前占比较高，产业结构发展畸形，预期未来金融业占比会回落。因此，短期内全区缺少新兴增长动力，产业结构调整难度大，影响全区低碳转型、碳排放达峰的顺利实现。

1.3.3 “一煤独大”的能源结构短期内难以改变

煤炭是宁夏主要矿产资源，其中宁东煤田被列为国家14个大型煤炭基地之一。受当地矿产资源禀赋影响，目前宁夏能源消费以煤炭为主，形成了“一煤独大”的能源消费格局，全区能源消费总量中煤炭消费量占比超过80%。此外，宁夏近年虽快速发展可再生能源利用，但相比于庞大的能源消费总量，可再生能源消费占比维持在10%左右；未来随着可再生能源补贴的取消，可再生能源电力发展将进入一段空窗期，短期内进一步提高可再生能源占比的空间有限。总体来看，宁夏煤炭为主的能源结构短期内难以得到扭转，仍将经历一段较长时间的结构调整，短期内通过能源结构调整促进碳排放降低的压力较大。

1.3.4 宁夏作为全国高碳省份转型压力大

宁夏作为全国碳排放强度和人均碳排放极高的省份，社会经济低碳转型、产业结构调整、能源结构优化的任务十分艰巨。在全国二氧化碳排放2030年前达到峰值的目标下，部分先进省份会提前达峰，部分省份与国家同步达峰，而其余的高碳省份可能延后达峰。宁夏作为全国最高碳的省份之一，与国家同步达峰的压力巨大。

1.4 机遇

能源生产和消费相关活动是宁夏最主要的二氧化碳排放源，做好能源领域碳减排对于如期实现碳达峰、碳中和目标具有重要意义。“十四五”时期，绿色低碳发展趋势更加凸显，经济加快从高速增长向高质量增长转变，宁夏构建以清洁能源等九大产业为重点的现代产业体系，特别是新材料、新能源、先进装备制造、生物技术等绿色制造业会得到快速发展。能源革命深入推进，风能、太阳能等清洁能源配置能力会显著提升，工业、建筑、交通等领域终端能源利用的电气化技术、电力生产中的深度脱碳技术、生物质制氢造气发电技术等得到规模应用；以特高压直流输电、智能电网、分布式可再生能源发电、先进储能、绿氢化工、零碳建筑为主的新型低排放基础设施建设成为未来重要发展方向。国家支持宁夏建设黄河流域生态保护和高质量发展先行区，西部大开发形成新格局，宁夏高质量发展的政策红利更加凸显。宁夏回族自治区发展和改革委员会印发《宁夏回族自治区能源领域碳达峰实施方案》中提出，“十四五”时期，全区能源生产消费结构更加优化，煤炭消费增长得到严格合理控制，重点行业能源利用效率不断提高，加快规划建设新型能源体系，绿色低碳技术研发和示范取得新进展，能源绿色低碳发展水平明显提升。到2025年，全区新能源发电装机容量超过5000万kW，力争达到5500万kW，绿色能源发电装机和发电量占比分别达到55%和30%以上，非水可再生能源电力消纳比重提高到28%以上，电能占终端用能比重达到25%左右，非化石能源消费比重达到15%左右，为实现碳达峰、碳中和奠定坚实基础。“十五五”时期，清洁低碳安全高效的现代能源体系初步建立，宁夏全区煤炭消费逐步减少，重点耗能行业能源利用效率达到国际先进水平，单位地区生产总值能源消耗显著下降。到2030年，新能源发电装机容量达到7450万kW，非水可再生能源电力消纳比重提高到35.2%以上，电能占终端用能比重达到30%左右，非化石能源消费比重达到20%左右，助力宁夏回族自治区碳达峰目标如期实现。“十六五”时期，可再生能源装机比重持续提升，清洁低碳安全高效的能源体系更加成熟。到2035年，非化石能源消费比重达到30%左右，二氧化碳排放达峰后稳中有降。

1.4.1 碳排放达峰有助于产业转型升级

宁夏为典型的资源型地区，“一煤独大”特征突出，转型发展任务艰巨。由于碳排放达峰涉及全区产业结构调整，通过推进实现碳排放达峰目标过程中控制传统行业、培育产业新动能等措施，能够推动宁夏工业产业由传统资源型初级加工工业向精深加工工业转变、产业结构向第三产业调整，推进全区经济增长动能由传统产业向新兴产业、高附加值产业转变，实现产业结构不断优化成熟，构建现代产业发展新体系。

1.4.2 碳排放达峰有助于发挥与大气环保的协同效用

宁夏二氧化硫、氮氧化物、工业烟粉尘、挥发性有机物等大气污染物的排放主要集中在化工、钢铁、有色、非金属、煤炭、电力等高耗能行业，其直接来源主要为煤炭燃烧。此外，全区新能源汽车推广范围较小，燃油机动车依然占较大比例，交通出行多依赖于私家车，低污染运输方式的分担率较低。这些领域既是碳排放的重点控制对象，又是大气污染物的主要来源，因此，在宁夏开展碳排放达峰的过程中，通过开展在产业结构调整、能源结构优化、交通低碳化以及生态领域的降碳工作，能够协同控制大气污染物的排放，产生低碳与环保的协同效用。

第 2 章
自然地理概况

2.1 地形地貌

2.1.1 地理位置

宁夏位于中国西北部，处在黄河中上游地区及沙漠与黄土高原的交接地带，与内蒙古、甘肃、陕西等省(区)为邻。宁夏疆域轮廓南北长、东西短，南北相距约 456 km，东西相距约 250 km。根据边界四端点的经纬度，宁夏疆域的地理坐标是：104°17′—109°39′E，35°14′—39°23′N。在中国自然区划中，宁夏跨东部季风区和西北干旱区，西南靠近青藏高寒区，大致处在我国三大自然区域的交汇、过渡地带。在中国国土开发整治的地域划分上，宁夏位于中部重点开发区的西缘或西部待开发区的东缘，是以山西为中心的能源重化工基地和黄河上游水能矿产开发区的组成部分，北部和中部系“三北”防护林建设工程的重点地段，南部属于黄土高原综合治理区和“三西”地区的范围。

2.1.2 地形地貌

宁夏地貌复杂，山地迭起，盆地错落，地势从西南向东北逐渐倾斜，黄河自中卫入境，向东北斜贯于平原之上，河势顺地势经石嘴山出境。宁夏大体可分为黄土高原、鄂尔多斯台地、洪积冲积平原和六盘山、罗山、贺兰山南北中三段山地。宁夏地处我国地质、地貌“南北中轴”的北段，在华北台块、阿拉善台块与祁连山褶皱之间。西面、北面至东面，由腾格里沙漠、乌兰布和沙漠和毛乌素沙地相围，南面与黄土高原相连。南部的六盘山自南端往北延，与月亮山、南华山、西华山等断续相连，把黄土高原分隔为二。东侧和南面为陕北黄土高原与丘陵，西侧和南侧为陇中山地与黄土丘陵。中部山地、山间与平原交错，卫宁北山、牛首山、罗山、青龙山等扶持山间平原，错落屹立。北部地貌呈明显的东西分异，黄河出青铜峡后，形成了美丽富饶的银川平原；平原西侧，贺兰山拔地而起，直指苍穹，东侧为高出平原百余米的鄂尔多斯台地。从地貌类型看，南部以流水侵蚀的黄土地貌为主，中部和北部以干旱剥蚀、风蚀地貌为主，是内蒙古高原的一部分。宁夏具有如下地理特点。

2.1.2.1 天然屏障与高原“绿岛”

宁夏有名的山地有贺兰山和六盘山。贺兰山绵亘于宁夏的西北部，南北长约 200 km，东西宽 15～60 km，山地海拔多在 1600～3000 m，主峰达 3556 m。山势巍峨雄伟，既削弱了西北寒风的侵袭，又阻挡了腾格里沙漠流沙的东移，成为银川平原的天然屏障。

六盘山位于宁夏的南部，耸立于黄土高原之上，是一条近似南北走向的狭长山脉。主峰海拔 2942 m，山势高峻，山路曲折险狭，须经六重盘道才能到达顶峰，六盘山因此而得名。山腰地带降雨较多，气候湿润，宜于林木生长，天然次生阔叶林繁茂，使六盘山成为突起于黄土高原之上的“绿岛”，也是宁夏重要的林区之一。

2.1.2.2 “塞上江南”宁夏平原

宁夏平原海拔1100～1200 m，地势从西南向东北逐渐倾斜。平原上土层深厚，地势平坦，加上坡降相宜，引水方便，便于自流灌溉。自秦汉以来，劳动人民修渠灌田，发展了灌溉农业，形成了渠道纵横、阡陌相连的“塞上江南”。宁夏平原以青铜峡为界，分为南北两部分，青铜峡口以南为卫宁平原，比较狭窄，宽仅2～10 km；青铜峡以北为银川平原，地形开阔，最宽处达40 km以上，尤以黄河以西地区的平原面积较广。宁夏平原湿地湖泊众多，首府银川附近有“七十二连湖”之称，最大的沙湖面积超过了杭州西湖。

2.1.2.3 丘陵起伏的黄土高原区

宁夏南部为黄土高原的一部分，其上黄土覆盖，厚的地方可达100多米，大致由南向北厚度渐减。六盘山主峰以南，流水切割作用显著，地势起伏较大，山高沟深。六盘山以北的地区，由于降水少，流水对地表切割作用较小，除少数突出于黄土瀚海之上、状如孤岛的山峰之外，一般为起伏大的低丘浅谷，相对高度在150 m左右。凡有河流流过的地方，经河流的冲积，形成较宽阔的河谷山地。

2.1.2.4 风沙侵袭的灵盐台地

在黄土丘陵区以北、银川平原以东，即灵武市东部和盐池县北部的广大地区，为鄂尔多斯高原的一部分，是海拔1200～1500 m的台地，台面上固定和半固定沙丘较多。西部低矮的平梁与宽阔谷地相交错，起伏微缓。

2.1.3 土壤植被

宁夏水平地带性土壤有黑垆土、灰钙土及灰漠土，自南向北分布，山地土壤主要是灰褐土，在贺兰山与六盘山呈现垂直变化（王吉智，1990）。

宁夏地形地貌复杂，气候多样，植被类型丰富，自然植被水平分布自南端森林草原带，向北依次过渡为干草原带、荒漠草原带和荒漠植被带。干草原和荒漠草原为宁夏植被的主体，银川以北地区年均降水量虽不足200 mm，因受贺兰山天然屏障的影响，植被仍以荒漠草原为基本类型，荒漠植被仅集中在受贺兰山影响以外的卫宁北山及陶乐一带，面积较小。森林草原带也仅限于最南端的六盘山地区（高中正 等，1984）。

宁夏林地总面积76.6442万 hm^2，森林覆盖率达到14.6%；草地面积208.80万 hm^2（宁夏回族自治区统计局 等，2019）。

2.1.3.1 自然植被的水平分布

森林草原植被带。分布在最南部的泾源、固原的什字、篙店等及隆德县东部等半阴湿山区，山地分布以杨、桦、辽东松等树种为主的落叶阔叶林、山地中生杂类草草甸或中生灌丛，丘陵坡地及低山阳坡分布中生杂类草草甸或以铁杆蒿、牛尾篙和杂类草为主的草甸草原群落，部分地段分布含有中生杂类草的草甸化的长芒草干旱草原群落（高中正 等，1984）。

干旱草原植被带。分布在中南部的盐池、同心、海原等县的南部和西吉、隆德、固原等大部的半干旱地区，以长芒草、短花针茅、百里香、冷蒿、蒌蒿等主要建群种组成的优势植物群落。植被带的北界大致与黄土高原及300 mm等雨量线相一致，中部北段因受罗山、窑山等地势的影响，界限向北延伸至罗山山麓（高中正 等，1984）。

荒漠草原植被带。分布在干旱草原带以北，包括盐池、同心、海原等县的中北部，中卫、中宁和灵武等地的山区以及引黄灌区黄河以西至贺兰山麓的广阔地带，植物群落由旱生的多年生丛生小禾草及旱生、超旱生的小灌木、小半灌木建群种或优势植物组成。植被带内，由于受沙化的影响，有较大面积以油蒿、苦豆子、甘草、蒙古冰草、中亚白草等沙生植物所组成的沙生植物群落(高中正 等，1984)。

荒漠植被带。分布在中卫黄河以北的卫宁北山和陶乐的鄂尔多斯地台，面积甚小，年均降雨量在 200 mm 以下，土壤以淡灰钙土和灰钙土性粗骨土为主，植物群落主要由红砂、珍珠、合头草等超旱生建群种组成。植被带的形成，主要由地理位置所伴随的干旱环境所决定(高中正 等，1984)。

2.1.3.2 自然植被垂直分布

贺兰山植被垂直分布。贺兰山植物群落有 11 个植被型 70 个群系。可划分成 4 个植被垂直带，即海拔 1600 m 以下的山前荒漠与荒漠草原带，1600～1900 m 的山麓与低山草原带，1900～3100 m 中山和亚高山针叶林带，3100 m 以上的高山与亚高山灌丛草甸带。

六盘山植被垂直分布。主要分为温性针叶林、落叶阔叶林、常绿竹类灌丛、落叶阔叶灌丛、草原和草甸等 7 个类型，海拔 1700～2300 m 为森林草原带，2300～2700 m 为山地森林带，主要为温性针叶林华山松及红桦，杂有华山松等针叶树种；2700 m 以上，多为亚高山草甸，阴坡也有红桦、糙皮桦林。

2.1.4 河流及湿地

2.1.4.1 河流

宁夏为黄河水系，主要河流有黄河干流及其支流。境内黄河及其各级支流中流域面积大于 1000 km^2的有 15 条，祖历河、清水河、红柳沟、苦水河及黄河两岸诸沟位于黄河上游下段，葫芦河、泾河位于黄河中游中段，另外有黄河流域内流区、内陆河区。

黄河干流自中卫南长滩入境，流经卫宁灌区到青铜峡水库出库如青铜峡灌区至石嘴山头道坎以下麻黄沟出境，宁夏回族自治区内河长 397 km，占黄河全场的 7%，是宁夏的主要水源。

祖历河位于西吉、海原境内，宁夏区内集水面积 597 km^2，由甘肃省靖远县汇入黄河。

清水河是宁夏汇入黄河的最大支流，发源于固原市原州区开城乡，河长 320 km，宁夏区内集水面积 13511 km^2。流经原州区、西吉、同心、海原、沙坡头区、中宁，由中宁泉眼山汇入黄河。

红柳沟为直接入黄支流，发源于同心县老庄乡黑山墩，积水面积 1064 km^2，河长 107 km，流经同心、中宁，由中宁鸣沙洲汇入黄河。

苦水河是直接入黄的另一支流，发源于甘肃省环县沙坡子沟脑，宁夏区内集水面积 4942 km^2，由甘肃环县进入宁夏，经盐池、同心、临武、利通区，由灵武市新华桥汇入黄河。

黄河右岸诸沟主要有中卫的高崖沟、灵武的大河子沟及陶乐的都思兔河，宁夏区内积水面积 9532 km^2。黄河左岸诸沟包括卫宁北山南麓和贺兰山东麓各沟，主要有贺兰山东麓的花石沟、苏峪口沟、大水沟、汝箕沟、大武口沟、红果子沟等，区内集水面积 5177 km^2。

葫芦河发源于西吉县月亮山，区内集水面积 3281 km^2，干流在宁夏境内长 120 km，流经西吉、固原市原州区、隆德后进入甘肃静宁、庄浪县。

泾河发源于泾源县六盘山东麓马尾巴梁东南，区内总面积 4955 km^2，干流在区内长 39 km，流经泾源、固原市原州区、彭阳、盐池后进入甘肃华亭、平凉、镇原及环县。

2.1.4.2 湿地

宁夏湿地面积 20.72 万 hm^2。其主要分布在黄河、典农河、清水河两侧和腾格里沙漠、毛乌素沙漠沿线。共有 183 种植物和 180 多种野生动物，其中国家一级保护动物 4 种，二级保护动物 15 种。

宁夏湿地分为河流湿地、湖泊湿地、沼泽湿地和人工湿地四大类。河流湿地总面积 9.79 万 hm^2，占宁夏湿地总面积的 47.25%，湖泊湿地总面积 3.35 万 hm^2，占 16.17%；沼泽湿地总面积 3.81 万 hm^2，占 18.38%；人工湿地总面积 3.77 万 hm^2，占 18.20%(王豫 等，2018)。

目前，宁夏建立湿地类型自然保护区 4 处、国家级湿地公园 13 个，自治区级湿地公园 11 个，基本形成了以湿地型自然保护区、湿地公园为主，湿地保护小区为补充的湿地保护体系。已在毛乌素沙漠边缘盐池县建立哈巴湖国家级湿地自然保护区 1 处，在青铜峡库区、沙湖和西吉震湖建立自治区(省级)湿地自然保护区 3 处；银川市鸣翠湖、阅海、黄沙古渡、鹤泉湖、宝湖，石嘴山星海湖、镇朔湖、简泉湖，吴忠市黄河、青铜峡鸟岛、中宁天湖、太阳山、固原市清水河、平罗天河湾湿地公园，被批准为国家湿地公园，湿地类型自然保护区面积占全区湿地总面积的 45%以上。

2.2 基本气候特征

宁夏深居中国内陆，远离海洋，为典型的大陆性气候，在我国的气候区划中跨越三个气候区，最南端的六盘山区属半湿润区，卫宁平原以北属干旱区，其他地区为半干旱区(图 2.1)。宁夏气候温凉，气温日较差大，避暑资源丰富，光照充足，太阳辐射强，降水少且年内、年际间变率大，气象灾害种类多、发生频率高、范围广(杨兴国 等，2021)。

2.2.1 气温北高南低，年日较差大

全区年平均气温 8.3 ℃，各地年平均气温在 5.6～9.9 ℃，由于地势北低南高，气温自北向南递减，最低的是隆德，最高的是石嘴山；北部引黄灌区各地超过 9 ℃，中部干旱带大多为 7～9 ℃，南部山区在 7 ℃以下。

全区年平均最高气温 15.3 ℃，平均最低气温仅为 2.4 ℃，平均日较差近 13 ℃；各地日较差在 10.5～14.6 ℃，自北向南递减，同心及以北大部超过 13 ℃，以南多在 12 ℃以下；全区最冷月(1 月)平均气温为−7.6 ℃，最热月(7 月)为 22 ℃，气温年较差达 29.6 ℃；各地年较差在 24.1～33.1 ℃，同心及以北超过 30 ℃，以南则在 27 ℃以下。

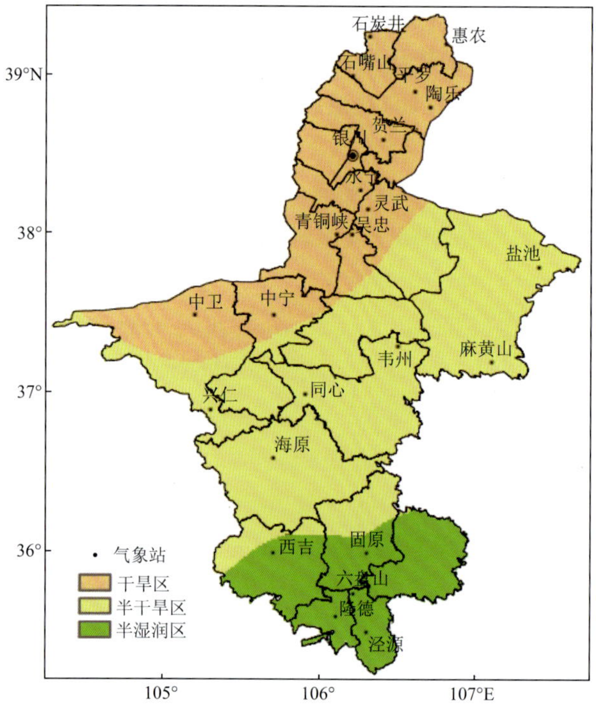

图 2.1　宁夏气候区划

2.2.2　气候清凉，避暑资源优势明显

年高温（日最高气温≥35 ℃）日数全区平均不足为 2 d，主要出现在中北部地区，各地年平均高温日数在 1～4 d。夏季平均气温约为 21 ℃，除引黄灌区外，其他大部分地区平均气温低于 22 ℃，其中南部六盘山周边地区，从未出现过高温天气，最热月 7 月平均气温多在 18～20 ℃，常年无气象学意义的夏季；6—8 月平均相对湿度 70%左右，风速约 2 m/s，具备环境卫生学理论定义的人体最舒适的气候环境；由于处在半湿润向半干旱过渡区，夏季降水量在 300 mm 左右，晴朗天气多，天高云淡，除六盘山体外，其他地区海拔多在 2000 m 以下，紫外线强度低，且不会使旅游者出现高原反应，具有独特避暑旅游的气候优势。

2.2.3　日照充足，光能资源丰富

各地年日照时数在 2250～3100 h，自南向北递增，北部引黄灌区各地超过 2900 h，是光照最丰富的地区；中部干旱带多在 2700～2900 h，南部山区在 2600 h 以下，是全区日照最少的地区。

各地年太阳总辐射量为 4950～6100 MJ/m^2，北部高于南部，六盘山地区最小，在 4950～5040 MJ/m^2，按照国家太阳能资源划分等级，属于我国太阳能资源较丰富区，其他各地均在 5040 MJ/m^2以上，为全国太阳能资源丰富的地区。

2.2.4 降水少而集中，年际变率大

宁夏平均年降水量 283 mm，远少于全国平均(632 mm)，是全国降水最少的省份之一；有约 50%的面积年降水量不足 200 mm；各地降水量在 175～650 mm，自南向北逐渐减少，北部引黄灌区普遍在 200 mm 以下，中部干旱带在 250～380 mm，南部山区超过 400 mm；降水最多的泾源(644.8 mm)是最少惠农(175.9 mm)的近 3.7 倍。

降水主要集中在 5—9 月，全区平均降水量 228.6 mm，约占年降水量的 80%。降水年际间变率大，最多的 1962 年全区平均年降水量为 453.0 mm，是最少年 1982 年(161.7 mm)的 2.8 倍。

近年来，在全球气候变暖的背景下，宁夏降水呈现增多趋势，2011 年以来平均年降水量 315.7 mm，与 20 世纪 60 年代相当，气候呈现暖湿化变化趋势，但大部分地区仍然处在干旱或半干旱气候范围，目前的变湿趋势只是量的变化，不足以改变基本气候状态。宁夏仍将是温凉干旱的气候环境，在可预期的时间内也不可能变为温暖湿润气候。

2.2.5 光热水匹配合理，特色作物生长环境优良

宁夏引黄灌区与宁夏的干旱气候区完美重合，光照充足，气候干爽。年日照时数约 3000 h，农作物生长季(4—10 月)无雨日超过 170 d，气温稳定通过 10 ℃的持续日数超过 170 d，积温在 3300～3600 ℃ · d，气温日较差超过 13 ℃；同时，由于黄河横穿宁夏中北部，引黄灌区享有优越的灌溉条件；得天独厚的气候及水资源优势，加之优越的土壤条件，为酿酒葡萄、枸杞等特色作物提供了优良的生长环境，贺兰山东麓酿酒葡萄品质优秀，媲美法国波尔多，成为宁夏的“紫色名片”；中宁枸杞气候品质卓越，享誉海内外，被誉为“红宝”。宁夏中部干旱带为半干旱气候区，降水稀少，蒸发强烈，早晚温差大，是被誉为“石头缝长出的西瓜珍品”硒砂瓜的唯一产地。

2.2.6 各地风速差异大，有三条风能资源丰富带

宁夏地形地貌复杂，受地形影响，各地风速存在差异，年平均风速在 1.9～6.0 m/s，地形较高的山区，平均风速较大，六盘山年平均风速为 6.0 m/s，宁夏平原年平均风速则大多在 2.5 m/s 以下。

与风速分布相似，宁夏风功率密度随海拔升高而增大，存在三条风资源丰富带，分别位于北部的贺兰山脉，中部地区香山—罗山—麻黄山，南部山区的西华山—南华山—六盘山区，三条风资源丰富带上的大部分地区 70 m 高度年平均风功率密度大于 250 W/m^2。全区风功率密度大于 300 W/m^2的技术开发面积为 4417 km^2，技术开发量为 1555 万 kW。

2.2.7 气象灾害种类多，发生频率高

宁夏气象灾害种类多、发生频率高、危害重。干旱、暴雨洪涝、冰雹、冷冻害、大风、沙尘暴是其最主要的气象灾害，高温、连阴雨、雷电、寒潮、暴雪等极端天气气候事件和气象灾害也时有发生。从空间分布上看，中部干旱带干旱、沙尘暴多发，北部贺兰山沿山暴雨山洪、大风频现；南部山区冰雹、干旱频率高；冷冻害各地均有发生。2000—2018 年，宁夏平均每年气象灾害造成的直接经济损失为 12 亿元，占宁夏 GDP 的 0.2%～3.1%。

2.2.7.1 干旱频率高、影响大

干旱是宁夏中部干旱带和南部山区最多发的气象灾害，几乎每年都不同程度地发生，春、夏旱发生频率最高，对中南部人畜饮水及农业生产造成严重影响；干旱也是宁夏最高发、损失最为严重的气象灾害，直接经济损失占气象灾害损失的55%。

2.2.7.2 贺兰山沿山强降水增多、危害严重

受地形影响，贺兰山沿山一带是宁夏暴雨发生频率最高的地区，近年来，暴雨趋多、趋强，2016年8月21—22日贺兰山沿山出现特大暴雨，滑雪场雨量为239.5 mm，2018年7月22—24日贺兰山沿山特大暴雨再次刷新宁夏纪录，滑雪场累计雨量达297.4 mm，日降水量277.6 mm；频繁发生的强降水事件，引发山洪等地质灾害，造成严重经济损失，2018年宁夏因暴雨洪涝灾害直接经济损失4.2亿元。

2.2.7.3 霜冻影响范围广，潜在危害增大

霜冻在宁夏各地每年都不同程度地发生，对农经作物生长造成严重影响。宁夏霜冻初日一般出现在9月下旬—10月中旬，自北向南、由低海拔向高海拔逐渐提前；霜冻终日一般在4月中旬—5月下旬，自北向南逐渐推迟，无霜期自北向南缩短。近年来随着气候变暖，霜冻频次减少，但气温升高导致作物生育期提前，春霜冻潜在危害加大。

2.2.7.4 局地冰雹频繁，损失严重

宁夏冰雹具有明显的地域特征，自北向南逐渐增加，并形成以六盘山为中心的冰雹多发区；冰雹的少发区分布在引黄灌区和中部干旱带的黄河沿岸附近，与黄河的东北—西南走向基本一致，呈狭长的带状分布(杨侃 等，2012)。宁夏冰雹主要集中出现在4—9月，平均每年1～3 d，因冰雹灾害平均每年造成直接经济损失1.6亿元。

第 3 章
风能太阳能观测

3.1 风能资源观测

根据国家发展和改革委员会《关于风能资源详查区域和风能资源专业观测网方案的批复》(发改能源〔2007〕3031 号)和中国气象局下发的《测风塔选址技术指南》要求,经过详细的现场勘察,选定了宁夏 9 座测风塔位置。每个测风塔的定位力求能够代表所在区域的风况特征,并尽量避开基本农田、经济林地、自然保护区、风景名胜区、矿产压覆区、墓地、居民点、军事禁区、规划项目建设区等不适宜建设风电场的区域。

宁夏回族自治区共有 5 个详查区,9 座测风塔。其中 70 m 高测风塔 7 座,100 m 高测风塔 2 座。

根据国家标准《风电场风能资源测量方法》(GB/T 18709—2002)和国家发展和改革委员会下发的《风电场风能资源测量和评估技术规定》要求,结合当前主要风电机机型、轮毂高度以及未来风机发展趋势,并考虑各地气候特征和风能资源评估技术发展需要,确定各类测风塔仪器观测层次和设置。

3.1.1 70 m 测风塔

——风速传感器安装在 10 m、30 m、50 m、70 m 高度;

——风向传感器安装在 10 m、50 m、70 m 高度;

——温湿度传感器安装在 10 m 和 70 m 高度;

——气压传感器安装在 8.5 m 高度。

3.1.2 100 m 测风塔

——风速传感器安装在 10 m、30 m、50 m、70 m、100 m 高度;

——风向传感器安装在 10 m、50 m、70 m、100 m 高度;

——温湿度传感器安装在 10 m 和 70 m 高度;

——气压传感器安装在 8.5 m 高度。

3.1.3 超声测风仪设置

——在需要安装超声测风仪的测风塔上,超声测风仪安装在 70 m 高度。

宁夏回族自治区各测风塔设置情况见表 3.1。

表 3.1 宁夏测风塔设置一览表

详查区名称	测风塔名称	测风塔编号	塔高/m	海拔高度/m	风速层次/m	风向层次/m	温湿度层次/m	气压层次/m
石嘴山详查区	惠农落石滩	30001	70	1145.0	10、30、50、70	10、50、70	10、70	8.5
青铜峡详查区	青铜峡甘城子	30002	100	1173.0	10、30、50、70、100	10、50、70、100	10、70	8.5
	青铜峡风电场	30003	70	1291.5	10、30、50、70	10、50、70	10、70	8.5
灵武—红寺堡详查	灵武杨家窑	30004	70	1605.5	10、30、50、70	10、50、70	10、70	8.5
	红寺堡墩墩梁	30006	70	1526.0	10、30、50、70	10、50、70	10、70	8.5
	红寺堡买河	30007	100	1390.0	10、30、50、70、100	10、50、70、100	10、70	8.5
中卫—兴仁详查区	沙坡头美丽湖	30005	70	1261.0	10、30、50、70	10、50、70	10、70	8.5
	海原兴仁	30008	70	1670.0	10、30、50、70	10、50、70	10、70	8.5
盐池麻黄山详查区	盐池麻黄山	30009	70	1695.0	10、30、50、70	10、50、70	10、70	8.5

3.2 太阳能资源观测

3.2.1 台站观测

宁夏仅有银川和固原两个气象台站设有辐射观测项目，太阳总辐射观测先后使用 DFY-4、TBQ-2-B 型仪器，测量光谱范围为 0.28～3.0 μm 的太阳总辐射。观测仪器安装在周围 20 m 内无阳光遮挡的地方，与计算机及各种日射记录仪连接使用，测量太阳总辐射能量、记录太阳辐射瞬时值及累计值。仪器基本性能：

灵敏度：7～14 μV/(W・m^2)；

时间响应：≤30 s(99%)；

稳定性(一年内灵敏度变化率)：±2%；

测量范围：0～2000 W/m^2；

测量精度：<2%。

3.2.2 现场观测

现场太阳辐射观测设备采用西班牙 Geonica 公司 ST-2000 双轴追踪式光热 DNI 观测系统(见图 3.1)。Geonica 公司的追踪测光系统 SunTracker-2000(简称 ST-2000)系统是一款全自动双轴追踪式测光系统,适用于任意位置,可通过直接观测得到法向直接辐射 DNI,且可配置水平面总辐射表,以保证观测质量,得到全序列辐射值。

图 3.1 ST-2000 太阳辐射观测系统

ST-2000 测光系统主要由 SunTracker 追踪器、直接辐射表、水平面总辐射表、风速传感器、风向传感器、温度传感器、湿度传感器、压强传感器及数据记录仪组成。

3.2.2.1 SunTracker 追踪器

ST-2000 追踪式太阳辐射观测系统是西班牙 Geonica 公司开发的一款双轴轻便全自动追踪式太阳辐射观测系统,主要由 First Class 等级的 GEO-DR 系列直接辐射表和 ST-2000 全自动太阳追踪系统组成,可准确测量法向直接辐射 DNI。追踪系统包括两个步进电机的双轴机械装置,并且由 METEODATA 内置气象算法控制仪器的追踪,此外可以集成 GPS 接收器确保精确的时间同步,整套系统功耗小于 2 W(表 3.2)。

表 3.2 SunTracker 追踪器技术规格

测量指标	
跟踪精度	主动追踪误差±0.02°
	被动追踪误差±0.1°
扭矩	12 N·m
最大负荷	10 kg
跟踪器规格	7 kg;300 mm×370 mm×290 mm

续表

测量指标	
角速度	9.4 (°)/s
通信方式	RS232/422/485,GPRS
时间同步方式	同步互联网时间或者通过 GPS 接收器
电力指标	
供电方式	12 V 直流电
功耗	小于 2 W
运行环境	
工作温度	−20～60 ℃
工作相对湿度	0～100%
机械指标	
材质	硬铝合金、304 不锈钢、铜质蜗轮
机械传动方式	经过精密加工过的蜗轮蜗管
基座安装	三角底座

3.2.2.2 First Class 直接辐射表:GEO-DR02

GEO-DR02 技术规格见表 3.3。

表 3.3 GEO-DR02 技术规格

ISO 分类	First Class
光谱范围	200～4000 nm
响应时间	≤2 s
分辨率	0.1 W/m^2
非稳定性	<0.3%
全开角	5.0°
倾角	1.0°
辐照度	0～4000 W/m^2
灵敏度(典型值)	10 $\mu V/(W \cdot m^2)$
工作温度	−40～+80 ℃
工作湿度	0～100% RH
温度响应	<0.4%/℃
标定来源	WRR

3.2.2.3 Firs Class 总辐射表:GEO-SR11

GEO-SR11 技术规格见表 3.4。

表 3.4 GEO-SR11 技术规格

ISO 分类	测量范围
光谱范围	285～3000 nm
标定误差	<1.8%
量程范围	0～2000 W/m^2
灵敏度(典型值)	15 $\mu V/(W \cdot m^2)$
工作温度	−40～+80 ℃
温度响应	<2%/℃
标定来源	WRR

3.2.2.4 数据采集器:METEODATA-3000C

METEODATA-3000C 是一款全自动数据采集器,广泛应用于气象观测领域,可实现数据及图像的观测、存储及传输等功能。提供可以运行在 XP/WIN7 系统上的配套终端软件,通过该软件,可以完成观测、查询、读取、保存、数据分析及处理等功能。

3.2.2.5 风速风向传感器:GEO-03002

GEO-03002 技术规格见表 3.5。

表 3.5 GEO-03002 技术规格

风速	
观测范围	0～50 m/s(阵风 60 m/s)
精度	<0.5 m/s
距离系数	2.3 m
启动风速	1.1 m/s
输出信号	交流余弦电波信号
材质	不锈钢轴承,防腐涂层
风向	
观测范围	0～360°
精度	±5°
距离系数	0.5 m
启动风速	1.3 m/s
输出信号	模拟电压信号
材质	不锈钢轴承,防腐涂层

3.2.2.6 温度、湿度传感器:GEO-STH-S331,压强传感器:GEO-61302V

温度、湿度传感器和压强传感器技术规格见表 3.6。

表 3.6　温度、湿度传感器和压强传感器

温度	
精度	±0.1 ℃
测量温度范围	−40～+70 ℃
相对湿度	
精度	±0.8%
测量相对湿度范围	0～100%
长期稳定性	<1%/d
压强	
量程	500～1100 hPa
精度	0.2 hPa

第 4 章
风能太阳能资源评估

4.1 风能资源评估

宁夏风能资源的分布主要受到地形地貌和山地走势的影响，存在三条风能资源较丰富带，分别位于北部的贺兰山脉，中部地区香山—罗山—麻黄山，南部山区的西华山—南华山—六盘山区。随着距地高度的升高，风功率密度逐渐增大。宁夏三条风资源丰富带上的大部分地区，年平均风功率密度在 70 m 高度上普遍大于 250 W/m^2，100 m 高度上普遍在 350 W/m^2 以上。

宁夏可装机容量大值区域主要分布在中部干旱带沿香山—罗山—麻黄山从东到西的一条横带里，这个区域内大部分地区装机密度系数达 4～5 MW/km^2。另外，南部山区沿西华山—南华山—六盘山从北到南的一条纵带区域里可装机容量也较大，其大部分地区装机密度系数达 2～3 MW/km^2。贺兰山区域虽然风速较大，但是由于山坡陡峭，适于开发风电场的区域范围并不大，只是在贺兰山脉的南端和北端少部分区域适于开发风电场。

表 4.1 给出了 2010 年宁夏 70 m 高度处不同风功率密度范围内风能技术开发量与开发面积。可以看出，宁夏全区风功率密度大于 400 W/m^2 的技术开发面积和开发量分别为 3044 km^2 和 1011 万 kW；风功率密度大于 300 W/m^2 的技术开发面积为 4417 km^2，技术开发量为 1555 万 kW；风功率密度大于 250 W/m^2 的技术开发面积为 5790 km^2，技术开发量为 2011 万 kW；风功率密度大于 200 W/m^2 的技术开发面积为 6246 km^2，技术开发量为 2780 万 kW。在不同的风功率密度条件下，风能技术开发量与开发面积差异较大，随着风功率密度的增加，对应的风能技术开发量与开发面积都在减小。

表 4.1 宁夏 70 m 高度处风能技术开发量与开发面积

	≥400 W/m^2	≥300 W/m^2	≥250 W/m^2	≥200 W/m^2
技术开发量/万 kW	1011	1555	2011	2780
技术开发面积/km^2	3044	4417	5790	6246

4.2 风电发展潜力

4.2.1 风能资源技术可开发区域及技术可开发总量

宁夏风能资源可开发地区主要位于石嘴山市的惠农区西部北部和大武口西部，银川市的贺兰县西部、西夏区西部、永宁县西部、灵武市，吴忠市的青铜峡市西部和南部、利通区、盐池县、同心县，中卫市的沙坡头区、中宁县、海原县，固原市的隆德县、原州区；其中石嘴山的惠农区北部，银川市的永宁县西部和灵武市，吴忠市的青铜峡市西部、利通区、盐池县、同心县东北部，中卫市的中宁县南部、沙坡头区西部、海原县，固原市原州区的中部，这些地区的装机密度系数为 3～5 MW/km²，为优先开发区域。

宁夏范围内随着高度的增加，开发量逐步增加，随风功率密度等级的增加，从 200 W/m² 到 250 W/m² 的技术开发量变化明显。

宁夏 90 m 高度年平均风功率密度 300 W/m² 以上的技术开发量为 595 万 kW，剩余技术开发量为 376 万 kW；年平均风功率密度 250 W/m² 以上的技术开发量为 2147 万 kW，剩余技术开发量为 1454 万 kW；年平均风功率密度 200 W/m² 以上的技术开发量为 5193 万 kW，剩余技术开发量为 3850 万 kW；年平均风功率密度 150 W/m² 以上的技术开发量为 8271 万 kW，剩余技术开发量为 6612 万 kW。

4.2.2 宁夏风能资源剩余开发量及优先开发区域

宁夏 90 m 高度风功率密度 200 W/m² 以上的技术开发量为 5193 万 kW，剩余技术开发量为 3850 万 kW；其中石嘴山市的技术开发量和剩余技术开发量分别为 92 万 kW 和 81 万 kW，银川市的技术开发量和剩余技术开发量分别为 458 万 kW 和 349 万 kW，吴忠市的技术开发量和剩余技术开发量分别为 3210 万 kW 和 2250 万 kW，中卫市的技术开发量和剩余技术开发量分别为 1129 万 kW 和 903 万 kW，固原市的技术开发量和剩余技术开发量分别为 304 万 kW 和 267 万 kW。

综合各地风能资源及剩余技术开发量，宁夏石嘴山的惠农区北部，银川市的永宁县西部和灵武市，吴忠市的青铜峡市西部、利通区、盐池县、同心县东北部，中卫市的中宁县南部、沙坡头区西部、海原县，固原市原州区的中部地区可作为优先开发区域。

4.3 太阳能资源评估

宁夏海拔高、阴雨天气少、日照时间长、辐射强度高、大气透明度好，太阳能资源很丰富。全区平均太阳总辐射为 5985.6 MJ/m²，各地年太阳总辐射在 5195～6344 MJ/m²，高于全国平均水平(5138 MJ/m²)。在空间上，中北部高于南部山区，高值区和低值区分别位于兴仁(6344 MJ/m²)和六盘山(5195 MJ/m²)；中北部大部高于 6000 MJ/m²，南部山区各地均低于 5800 MJ/m²(图 4.1)。根据中国气象局风能太阳能资源评估中心的研究，宁夏同新疆东南部、内蒙古西部、甘肃西部、青海和西藏大部分地区构成了一条占国土面积约 20%的太阳能资源“最丰富带”，其中宁夏中北部地区属于太阳能资源Ⅰ类地区，南部属于Ⅱ类地区，是我国太阳辐射的高能区之一。以宁夏首府城市银川为例，银川年总辐射量约为北方和西北地区主要城市北京、呼和浩特、乌鲁木齐的 1.2 倍，西宁的 1.1 倍。银川的直接辐射和散射辐射也均优于以上地区。

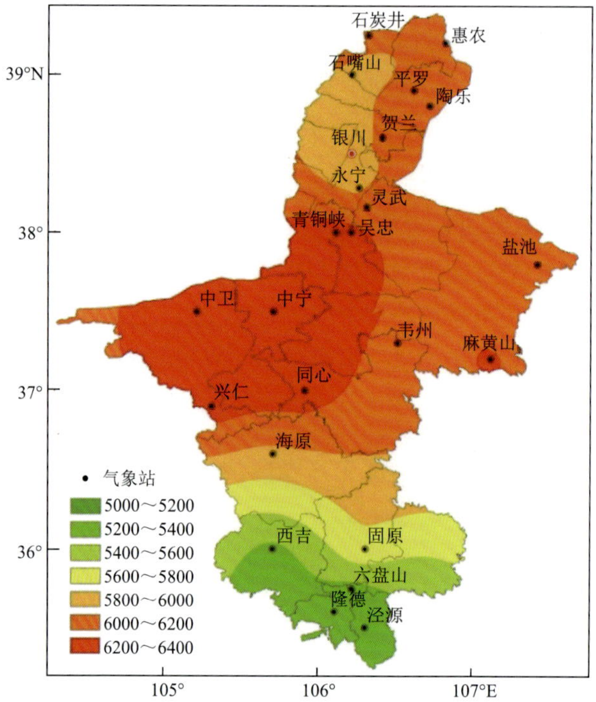

图 4.1 宁夏年平均太阳辐射的空间分布（单位：MJ/m^2）

宁夏全境太阳能资源属于“很丰富”及以上等级，理论储量可以达到 86.61 万亿 kW·h。其中水平面辐射量值在 6300 MJ/m^2 以上的面积达到了 2898 km^2，分布在中卫市中部地区。结合宁夏土地利用性质以及综合生态保护红线，宁夏集中式光伏发电可利用面积为 10587 km^2，技术可开发量为 4.54 亿 kW。按照“十四五”规划，光伏发电开发面积达到 550 km^2，发电量可以达到 385 亿 kW·h，将节约能耗约 1140 万 t 标准煤。

4.4 光伏发电发展潜力

4.4.1 宁夏太阳能资源理论储量

根据宁夏太阳能资源辐射情况，将宁夏太阳能资源划分为 13 个太阳能资源辐射区间，结合各辐射区间所占面积及辐射区间太阳能资源量代表值计算，宁夏太阳能资源理论储量为 86.61 万亿 kW·h。

4.4.2 宁夏太阳能资源技术可开发量

(1)集中式光伏发电技术可开发量

宁夏集中式光伏发电技术可开发量总计约为 4.54 亿 kW，其中北部地区为 6136 万 kW、中部地区为 37478 万 kW、南部地区为 1753 万 kW。

(2)分布式光伏发电技术可开发量

全区可用于建设分布式光伏屋顶面积约 27700 万 m^2,分布式光伏技术可开发量约 2770 万 kW。

第 5 章
低风速分布式风电开发

5.1 分布式发电概念、优势、必要性

分布式发电，通常是指发电功率在几千瓦至数百兆瓦的小型模块化、分散式、布置在用户附近的高效、可靠的发电单元；低风速风电，通常是指年平均风速≥ 3 m/s，额定风速在6～8 m/s，年利用小时数在2000 h以上的风电开发项目。

分布式发电的主要特征是，采用了多种新型发电技术，有利于环保；能源利用效率高（可达60%～90%），促进节能减排，完成国家承诺非化石能源减排目标；分布式发电电源容量小，电压等级低，接近负荷中心，易于接入配电网；运行方式灵活，可联网可不联网，就地接入就地消纳，发电成本低；对电网冲击小，用电安全，比集中发电更可靠，停电概率较小。分布式发电，所生产电力除自用外，多余电力送入当地配电网的发电系统或多联供系统。分布式的发展思路可以有效缓解目前风电因“弃风限电”的现象。在当前我国大力提倡节能、减排、鼓励发展清洁能源的背景下，风电分布式开发具有很重要的现实意义。

风电产业是中国大力倡导并给予政策扶持的新兴领域，前期在“大规模、高度集中开发，远距离、高电压输送”发展思路的指导下，宁夏风电技术和风电产业取得了长足的进步，特别是大规模高风速风能资源的开发利用得到了快速发展。未来国家将支持在资源不太丰富的地区发展低风速风电场，倡导分散式开发。国家“十二五”规划纲要明确提出，促进分布式能源系统的推广应用；加强低风速风电开发已被纳入“十二五”风电发展规划，政策上拟提高其在未来整体风电开发布局中的比重，加大低风速地区的风电装机规模目标，作为大基地接入大电网之外的电网开发格局的有效补充，我国“十二五”规划提出的1亿kW风电装机目标中，将有2000万kW的份额属于低风速风电开发；我国不再一味发展大型风电基地，而是大力鼓励分散式开发，靠近负荷中心的低风速风电场开发将迎来巨大的市场空间，根据风能资源和电力系统运行的特点，在保证规模化集中开发大型风电场的同时，因地制宜，对以前无法有序开发利用的风能资源进行大捆式深度开发；2010年8月，国家电网已制订《分布式电源接入电网技术规定》，从技术层面为分布式发电接入电网扫清障碍；哥本哈根会议之后，中国政府公布了控制温室气体排放的行动目标，决定到2020年单位国内生产总值二氧化碳排放比2005年下降40%～45%，风能资源的全方位开发利用为这一目标的实现奠定了基础；国内首个低风速风力发电项目安徽省来安风电场已全部竣工。因此，积极稳妥地探索分布式接入风电的开发模式，实现风电的大规模开发利用和低风速分布式风能资源的互补，两条腿走路，是全方位开发利用风能资源的必然需求，是国家实现能源结构调整的必由之路。

随着风电大规模集中开发，仍以煤电为主的宁夏电网出现了电网接入和系统运行中的问题，系统调峰出现困难；大规模风电场的快速发展，使高风速风能资源的开发利用受到地域限制，厂址选择出现困难，在将来的发展中缺乏足够的竞争力；当前大规模风力发电场的发电上网，受当地变电站容量的限制；现有大规模的风力发电基地距离用电负荷中心较远，无法缓解用电高负荷区的缺电问题；目前我区正面临巨大节能减排压力，扩大分布式能源开

发利用正是突破口之一。

宁夏低风速风能资源丰富、开发潜力大，具有良好的发展前景。但通过研究发现，宁夏风能资源的主要区域大部分处于低风速区，适宜低风速、分布式风能资源可开发面积 2.86 万 km^2，约占全区面积的 43%，且大部分低风速风能资源区位于我区道路运输及建设条件优越的地区，适宜分布式风能资源的开发利用。随着风电产业迅速发展，风电开发的技术水平不断提高，建设成本不断降低，风能资源技术经济可开发范围不断拓展，原来的低风速区域也可进行风能资源的开发利用；宁夏风电高负荷区大部分处于低风速风能资源区，低风速风能资源的开发利用对实现风能资源的就地转化、弥补常规利用手段的不足、补充化石能源的短缺，对能源结构的调整及节能减排都有重要作用；在宁夏广阔的农村，发展低风速风电有独特的自然环境和土地资源优势，就地获取并利用廉价的风电有助于减轻农民负担。

5.2 适宜低风速、分布式开发的风资源条件

5.2.1 宁夏地形地貌及气候背景

宁夏的地形比较复杂，西、北、东三面分别由腾格里沙漠、巴丹吉林沙漠和毛乌素沙地相围，南与黄土高原相连。黄河由甘肃境内流入宁夏中卫，由南向北至石嘴山流出，黄河两岸为冲积平原，地形地貌大致可以分为黄土高原、鄂尔多斯台地、黄河两岸的冲积平原和沿山地区的洪积扇，以及贺兰山、六盘山、罗山等山地。地形南北狭长，地势南高北低，西陡东缓。地貌由南部的流水侵蚀地貌向北部的风蚀地貌过渡。宁夏的风资源状况受大气环流和地理环境的影响较大。宁夏平原多偏北风和偏南风，与贺兰山及黄河河谷的走向一致，固原地区多东南风和偏南风，也与六盘山走向相一致。

从大气环流来看，宁夏地处中纬度，全年主要受西风环流影响，但在夏半年也受夏季风环流边缘影响，风向有较明显的季节性变化。冬半年处在蒙古冷高压控制之下，绝大部分地区以北风和偏西风为主。夏半年受大陆热低压影响，全区各地以东南风和偏南风为主。

5.2.2 宁夏适宜分布式风电开发的风能资源总体特征

太阳辐射的能量到地球表面约有 2%转化为风能，风能是地球上自然能源的一部分，据对风能潜力的估算，我国风能资源丰富区、较丰富区及可利用区总面积约占全国面积的 76%（表 5.1）。

表 5.1 中国风能分区及占全国面积的百分比

10 m 高度上的风能相关参数	丰富区	较丰富区	可利用区	贫乏区
年有效风能密度/(W/m^2)	>200	200～150	<150～50	<50
年平均风速≥3 m/s 累计小时数/h	>5000	5000～4000	<4000～2000	<2000
年平均风速≥6 m/s 累计小时数/h	>2200	2200～1500	<1500～350	<350
占全国面积的百分比/%	8	18	50	24

(1)10 m 高度风资源状况

①风速分布

各地平均风速在 2.2～6.9 m/s，贺兰山脉、香山—罗山—麻黄山、西华山—南华山—六盘山区为风速较大的地区，部分地区超过 5.0 m/s，利通区以北(除贺兰山沿山地区以外)的大部及中卫市的局部、固原市的部分地区风速较小，在 3.0 m/s 以下。

风速≥3 m/s 年有效小时数仅平罗的局部地区不足 2000 h，利通区以北的大部分地区(沿山地区除外)及中卫市的局部、固原市部分地区在 2000～4000 h，其他大部分地区在 4000～5000 h。

宁夏的大风日数贺兰山和六盘山较多，年日数超过 100 d，石嘴山市的北部、中宁、麻黄山、海原等地在 22～47 d，其他地区在 20 d 以下。除贺兰山、六盘山外，各地具有明显的年变化特征，春季最多，占全年大风日数的 35%～68%，冬、夏次之，秋季大风日数最少，占全年的 20%以下。

②风能资源储量分布

宁夏适宜低风速、分布式的风能资源可开发面积 2.86 万 km^2(表 5.2)，约占全区面积的 43%。10 m 高度上，全区风能总储量约为 4134 万 kW，技术可开发量 1778 万 kW。各地年平均风功率密度 24～488 W/m^2，利通区以北的大部分地区(沿山地区除外)、中卫市局部、固原市的部分地区在 50 W/m^2 以下，山区的部分地区超过 150 W/m^2，贺兰山最大，其他大部分地区在 50～150 W/m^2。

表 5.2 宁夏全区及各市低风速、分布式风能资源技术开发面积

地区	技术开发面积/km^2
石嘴山市	702
银川市	3633
吴忠市	8789
中卫市	7639
固原市	7878
宁夏全区	28641

各地有效风功率密度在 67～554 W/m^2，山区超过 150 W/m^2，尤其贺兰山超过 200 W/m^2，为风能资源较丰富区或丰富区；其他大部分地区在 67～150 W/m^2，为可利用区，其他各高度风能资源见表 5.3。

表 5.3 宁夏全区及各市各高度风能资源参数

高度/m	年平均风速/(m/s)			年有效小时数/h			年平均风功率密度/(W/m²)			年有效风功率密度/(W/m²)			风能资源储量及技术可开发量/(万 kW)	
	最小值	最大值	平均值	最小值	最大值	平均值	最小值	最大值	平均值	最小值	最大值	平均值	总储藏量	技术可开发量
全区														
10	2.2	6.9	4.0	1552	7667	5422	24	488	84	66	554	127	4134	1778
30	2.8	7.6	4.9	2613	7730	6209	46	741	144	106	768	195	7114	3059
50	3.1	7.9	5.3	2971	7751	6460	61	896	185	128	854	242	9136	3929
70	3.2	7.9	5.6	3281	7809	6611	72	938	215	143	870	276	10634	4572
100	3.3	8.1	5.8	3383	7855	6739	85	892	250	165	873	314	12321	5298
150	3.5	8.4	6.1	3473	7878	6848	102	998	292	195	915	361	14399	6192
石嘴山市														
10	2.2	6.9	3.8	1552	7497	4290	24	450	106	80	544	178	410	176
30	2.8	7.6	4.4	2613	7602	4995	46	650	170	110	733	252	657	283
50	3.1	7.9	4.7	3859	7618	5177	61	786	206	131	854	299	796	342
70	3.2	7.9	4.9	3281	7624	5318	73	807	234	146	847	333	902	388
100	3.3	8.1	5.1	3383	7634	5473	87	856	269	168	867	373	1036	446
150	3.5	8.3	5.4	3473	7661	5649	105	905	313	199	910	419	1209	520
银川市														
10	2.4	6.5	3.6	2191	7368	4560	24	488	77	73	554	128	552	237
30	2.9	7.3	4.3	3280	7277	5441	46	742	133	106	768	190	953	410
50	3.1	7.6	4.7	3470	7314	5708	61	896	170	128	851	231	1216	523
70	3.2	7.8	4.9	3490	7392	5850	72	938	194	143	870	260	1392	599
100	3.3	8.1	5.1	3436	7428	5955	85	892	223	165	873	294	1594	686
150	3.5	8.4	5.4	3492	7465	6056	102	998	263	195	915	339	18813	8090
吴忠市														
10	2.6	5.9	4.2	2706	7532	5823	29	250	90	71	290	130	1404	604
30	3.5	6.8	5.1	4337	7730	6567	63	361	155	120	418	202	2418	1040
50	3.9	6.8	5.6	4831	7751	6803	90	396	200	157	454	254	3128	1345
70	4.2	7.1	5.9	5162	7809	6938	111	443	234	184	493	291	3649	1569
100	4.5	7.4	6.1	5456	7855	7048	137	488	271	214	534	333	4231	1819
150	4.8	7.7	6.5	5679	7878	7132	173	534	316	259	569	383	4931	2120
中卫市														
10	2.6	5.9	4.3	2726	7667	5931	28	186	90	69	216	127	1066	458
30	3.6	6.6	5.1	4526	7608	6506	65	275	147	115	321	193	1744	750
50	4.1	6.7	5.5	4993	7715	6702	94	317	185	153	381	238	2200	946
70	4.4	7.0	5.7	5302	7762	6819	116	350	214	178	417	271	2544	1094
100	4.7	7.2	6.0	5636	7791	6919	142	388	245	203	454	307	2918	1255
150	5.0	7.4	6.2	5881	7777	7009	176	430	282	239	494	349	3357	1443

续表

高度/m	年平均风速/(m/s)			年有效小时数/h			年平均风功率密度/(W/m²)			年有效风功率密度/(W/m²)			风能资源储量及技术可开发量/(万 kW)	
	最小值	最大值	平均值	最小值	最大值	平均值	最小值	最大值	平均值	最小值	最大值	平均值	总储藏量	技术可开发量
固　原　市														
10	2.7	5.4	3.8	2878	7360	5255	31	141	65	66	179	102	698	300
30	3.7	6.4	4.8	4588	7586	6307	64	235	124	113	281	168	1333	573
50	4.2	6.5	5.3	5063	7608	6653	93	272	166	148	318	214	1786	768
70	4.5	6.8	5.7	5406	7705	6875	116	310	198	171	363	249	2136	918
100	4.9	7.0	6.0	5794	7771	7064	141	350	235	197	410	288	2529	1087
150	5.3	7.3	6.3	6246	7798	7216	172	392	279	232	458	336	3006	1293

(2)70 m 高度风资源状况

①风速分布

宁夏各地 70 m 高度上年平均风速均超过 3.0 m/s。受到地形地貌和山地走势的影响，有三条高风速带，分别位于贺兰山脉、香山—罗山—麻黄山、西华山—南华山—六盘山区，年平均风速超过 6 m/s，为宁夏风能资源丰富区。北部灌区的部分地区风速相对较小，在 3.2～4.5 m/s。

春季风速相对较大，其中 3 月风速最大，各地在 7～10 m/s，其次是 4 月，各地平均风速在 6～7 m/s；冬季风速比春季小，但较其他季节大；秋季最小。

贺兰山一带及中南部大部分地区年有效风出现时间较长，超过 6000 h，其中麻黄山、兴仁、海原、六盘山等地超过 7700 h。灌区部分地区有效风出现时间相对较短，在 5400 h 以下。

②风能资源储量分布

70 m 高度上，宁夏全区风能资源储藏量 10634 万 kW，技术可开发量 4572 万 kW。风功率密度分布与平均风速相似，也存在三个高值区，即贺兰山脉、香山—罗山—麻黄山、西华山—南华山—六盘山区，尤其贺兰山沿山地带为宁夏风资源的丰富区，吴忠以北的灌区及中卫市、西吉的局部地区年平均风功率密度相对较小，在 72～141 W/m^2。

宁夏有效风功率密度的空间分布与平均风功率密度分布形势完全一致，三个大值区域均超过 300 W/m^2，仅在吴忠以北的部分地区在 200 W/m^2 以下。

5.2.3 适宜分布式风电开发的风能资源区域特征及电网接入情况

5.2.3.1 石嘴山市

(1)风能资源分布

全市年平均风速、年有效风速小时数在贺兰山沿山一带最大，风速最大可达 7.9 m/s，风速在 3～25 m/s 的有效小时数超过 6000 h，平罗县相对较小。

石嘴山风能资源储藏量为 902 万 kW，技术可开发量 388 万 kW，适宜低风速、分布式的技术开发面积 702 km^2，是宁夏五市中风能资源最少的区域。区域内贺兰山沿山风功率密度较大，最大超过 800 W/m^2，也是宁夏风能资源最丰富的地区，平罗、陶乐及惠农的部分地区风功率密度相对较小，在 73～141 W/m^2。

有效风功率密度分布沿山大，平原小。沿山最大有效风功率密度 847 W/m^2，平罗东部及陶乐相对较小，在 200 W/m^2 以下。

(2)现有变电站概况及 110 kV 以下变电站及配电网的接入能力

石嘴山拥有 110 kV 及以下变电容量 3341 MV·A，线路长度 4247 km。220 kV 变电站 9 座，变电容量 3960 MV·A，线路长度 655 km；2010 年石嘴山电网最大负荷 2499 MW，供电量 143.6 亿 kW·h。

石嘴山电网规划新建 110 kV 变电站 7 座，扩建 2 座，新增变电容量 665 MV·A，线路 188 km；35 kV 新建变电站 2 座，扩建 3 座，新增变电容量 37.2 MV·A，新建线路 11 km；新建 220 kV 及以上变电站 2 座，扩建 1 座，新增变电容量 1200 MV·A，新建线路 147 km。

5.2.3.2　银川市

(1)风能资源分布

全市年平均风速、年有效风速小时数贺兰山沿山及灵武市一带较大，沿山的最大风速达到 7.8 m/s，3～25 m/s 的年有效风速小时数部分地区超过 6000 h。银川市及永宁的大部分地区风速相对较小，在 3.2～4.5 m/s，有效风速小时数在 4000 h 以下。

银川地区风能资源储藏量为 1392 万 kW，技术可开发量 599 万 kW，适宜低风速、分布式的技术开发面积 3633 km^2，为全区风能资源次少地区。区域内贺兰山沿山段及灵武市大部风功率密度较大，尤其沿山地区风功率密度达到 938 W/m^2，银川、永宁、贺兰大部分地区风功率密度相对较小，在 116～141 W/m^2。

有效风功率密度分布也是贺兰山沿山大，最大的地方超过 600 W/m^2，平原地区相对较小，中部的平原地区大多在 200 W/m^2 以下。

(2)现有变电站概况及 110 kV 以下变电站及配电网的接入能力

银川地区拥有 110 kV 及以下变电容量 3997.4 MV·A，线路长度 6103 km。330 kV 变电站 1 座，变电容量 1000 MV·A，线路长度 86 km；220 kV 变电站 9 座，变电容量 2370 MV·A，线路长度 788 km；2010 年银川电网最大负荷 940 MW，供电量 60.8 亿 kW·h。

银川电网规划新建 110 kV 变电站 10 座，扩建 1 座，新增变电容量 500 MV·A，线路 201 km；35 kV 扩建变电站 3 座，新增变电容量 14.3 MV·A，线路 30 km。新建 220 kV 变电站 2 座，扩建 2 座，新增变电容量 1080 MV·A，线路 141 km。

5.2.3.3　吴忠市

(1)风能资源分布

全市年平均风速、年有效风速小时数在香山—罗山—麻黄山一带最大，风速最大达到 7.0 m/s，3～25 m/s 的年有效风速小时数部分地区超过 7000 h，青铜峡及利通区的部分地区风速相对较小，有效风速小时数在 5500 h 以下。

吴忠地区风能资源储藏量为 3649 万 kW，技术可开发量 1569 万 kW，适宜低风速、分布式的技术开发面积 8789 km^2，为五市中储量最多的地区。区域内香山—罗山—麻黄山附近地区风功率密度较大，最大超过 400 W/m^2，利通区及青铜峡的小部分地区风功率密度相对较小，在 112～141 W/m^2。

有效风功率密度也是香山—罗山—麻黄山附近地区最大，部分地区超过 350 W/m^2，青铜峡及利通区的小部分地区不足 200 W/m^2。

(2)现有变电站概况及 110 kV 以下变电站及配电网的接入能力

吴忠市拥有 110 kV 及以下变电容量 2820.07 MV·A，线路长度 5757.6 km；330 kV 变电站 3 座，变电容量 1320 MV·A，线路长度 510.7 km；220 kV 变电站 3 座，变电容量 1380 MV·A，线路长度 448.7 km；2010 年吴忠电网全社会最大负荷 1810 MV，供电量 109.03 亿 kW·h。

吴忠电网规划新建 110 kV 变电站 7 座，扩建 8 座，新增容量 738 MV·A，线路 276.7 km；新建 35 kV 变电站 5 座，扩建 10 座，新增容量 108.1 MV·A，线路 176.27 km。扩建 750 kV 变电站 1 座，新增容量 1500 MV·A，线路 196 km；新建 330 kV 变电站 2 座，扩建 1 座，新增容量 1200 MV·A，线路 186 km；新建 220 kV 变电站 1 座，新增容量 480 MV·A，线路 116 km。

5.2.3.4 中卫市

(1)风能资源分布

全市年平均风速、年有效风速小时数沙坡头区南部及海原南部较大，风速最大为 6.9 m/s，3～25 m/s 的年有效风速小时数部分地区超过 7000 h，沙坡头区及中宁的局部地区风速相对较小，在 4.3～4.5 m/s，有效风速小时数在 5500 h 以下。

中卫市风能资源储藏量为 2544 万 kW，技术可开发量 1094 万 kW，适宜低风速、分布式的技术开发面积 7639 km^2。区域内香山—罗山—麻黄山附近地区及靠近贺兰山的地区风功率密度较大，最大为 443 W/m^2，沙坡头区及中宁的局部地区相对较小，在 116～141 W/m^2。

有效风功率密度沙坡头区东南部较大，最大超过 400 W/m^2，沙坡头区及中宁的局部在 200 W/m^2 以下。

(2)现有变电站概况及 110 kV 以下变电站及配电网的接入能力

中卫地区有 110 kV 变电站 17 座，110 kV 及以下变电容量 1898.65 MV·A；黄河 750 kV 开关站 1 座；330 kV 变电站 3 座，变电容量 1440 MW；220 kV 变电站 4 座，变电容量 900 MW。

中卫地区将新建 110 kV变电站 8 座，扩建 110 kV 变电站 11 座，共新增容量 1525.5 MV·A，共新建线路 414.75 km；新建 35 kV 变电站 3 座，扩建 35 kV 变电站 8 座，共新增容量 69.3 MV·A，共新建线路 267.6 km。扩建 75OkV 变电站 1 座，新增容量 2100 MV·A，新建线路 105 km；新建 330 kV 变电站 2 座，扩建 330 kV 变电站 l 座，共新增容量 1440 MV·A，共新建线路 90.6 km。

5.2.3.5 固原市

(1)风能资源分布

全市年平均风速、年有效风速小时数最大的区域在西华山—南华山—六盘山区一带，可达 6.8 m/s，3～25 m/s 的年有效风速小时数部分地区超过 7000 h。西吉南部部分地区平均风速相对较小，在 4.3～4.5 m/s，年有效风速小时数在 5500 h 以下。

固原市风能资源储藏量 2136 万 kW，技术可开发量 918 万 kW，适宜低风速、分布式的技术开发面积 7878 km^2。区域内西华山—南华山—六盘山区一带最大值为 310 W/m^2，西吉的西南部地区相对较小，在 116～141 W/m^2。

有效风功率密度，也是西华山—南华山—六盘山区一带，部分地区超过 300 W/m^2，西吉西南部相对较小，在 200 W/m^2 以下。

(2)现有变电站概况及 110 kV 以下变电站及配电网的接入能力

固原市拥有 110 kV 及以下变电容量 887 MV·A，线路长度 7077 km；330 kV 变电站 2 座，变电容量 540 MV·A，线路长度 253 km；2010 年固原电网最大负荷 214.4 MW，供电量 7.53 亿 kW·h。

固原电网规划新建 110 kV 变电站 6 座，扩建 1 座，新增变电容量 281.5 MV·A，线路 162 km；35 kV 新建变电站 11 座，扩建 9 座，新增变电容量 106.35 MV·A，线路 320 km。扩建 330 kV 变电站 1 座，新增变电容量 240 MV·A，线路 67 km。

第 6 章
光热发电资源分析

6.1 观测资料收集

6.1.1 SolarGIS 高分辨率太阳能辐射资料

SolarGIS 高分辨率太阳能辐射资料是 GeoModel Solar 公司由欧洲 GeoModel Solar 公司利用卫星遥感数据、ECMWF（欧洲中期天气预报中心）和 NOAA（美国国家海洋大气局）气象资料通过 GIS（地理信息系统）技术和先进的科学算法得到的高分辨率太阳能资源和气候要素数据库，目前该资料涉及范围已涵盖欧洲、亚洲、非洲。

本项目评估所用资料主要包括：2006—2015 年厂址区逐 30 min SolarGIS 高分辨率太阳能辐射资料。该资料主要包括：水平面总辐射（GHI），法向直接辐射（DNI），散射辐射（DIFF），2 m 高度处气温（TA）、地面气压（PA）等气象和辐射要素资料。

表 6.1 SolarGIS 资料详细列表

要素	起止时间（年-月-日）	时间分辨率/min
水平面总辐射（GHI）	2006-07-01—2015-06-30	30
法向直接辐射（DNI）	2006-07-01—2015-06-30	30
散射辐射（DIFF）	2006-07-01—2015-06-30	30
2 m 高度气温（TEMP）	2006-07-01—2015-06-30	30
地面气压（PA）	2006-07-01—2015-06-30	30

6.1.1.1 SolarGIS 数据处理

原始数据为逐 30 min 数据，即 30 min 采集一次，数据包括总辐射，法向直接辐射，散射辐射及气温、气压等气象要素。各个整点数据取该时前 15 min 和 45 min 两次数据的累计积分值，日值为小时值之和。常规气象要素小时值按气象要素观测规定进行平均并取值，日值为小时值平均。

6.1.1.2 SolarGIS 数据验证

检查从 SolarGIS 获得的原始辐射和气象要素数据，对其完整性和合理性进行判断，检验不合理和缺测数据，整理出连续一年完整的辐射观测数据。

（1）完整性检验

数据数量应等于预期记录的数据数量。

数据的时间顺序应符合从开始至结束的先后时间顺序。

原始逐 30 min 数据完整率应在 98%以上。

（2）合理性检验

依据日地外辐射、日照、云量等影响辐射的要素对其合理性进行判断；

日总辐射最大辐照度在平原地区＜1400 W/m^2；

日总辐射量<可能的日总辐射量，特殊情况下，冬季允许超过≤20%，夏季≤15%；

日总辐射量≥日散射辐射量。

为了有效评估本厂址区太阳能资源，对逐 30 min 数据进行了检验，给出其完整性和合理性描述，以数据完整率表示，数据完整率公式为：

$$数据完整率=\frac{应测数据量-缺测数据量-无效数据量}{应测数据量}\times 100\%$$

式中，应测数据量表示获取的 SolarGIS 资料时段内应该包含的每 30 min 数据数目(资料时段日数×24 h×2)，缺测数据量为相应时段内由于各种原因缺测的 SolarGIS 数据数目，无效数据量为相应时段内出现的不合理的 SolarGIS 数据数目。

SolarGIS 数据经均值检验、极值检验、人工校对发现有缺测和不合理数据。

SolarGIS 数据检验结果统计见表 6.2。

6.1.1.3　SolarGIS 数据补全

对不合理数据进行相应处理。剔除掉原始数据中的无效数据，替换上有效数据，整理出 2006—2015 年完整的逐小时数据。

表 6.2　SolarGIS 和参证站数据检验结果统计表

项目	资料检查时间	应含数据数目	缺测数据数目	有效数据完整率	插补后完整率
水平面总辐射(GHI)	2006 年 7 月 1 日—2015 年 6 月 30 日	157776	0	100%	100%
法向直接辐射(DNI)		157776	0	100%	100%
散射辐射(DIFF)		157776	0	100%	100%
2 m 高度气温(TEMP)		157776	0	100%	100%
地面气压(PA)		157776	0	100%	100%
日照时数(SSH)		78888	0	100%	100%

6.1.2　观测设备简介

太阳山地区现场太阳辐射观测设备采用西班牙 Geonica 公司 ST-2000 双轴追踪式光热 DNI 观测系统。系统主要由 SunTracker 追踪器、直接辐射表、水平面总辐射表、风速传感器、风向传感器、温度传感器、湿度传感器、压强传感器及数据记录仪组成。

6.1.3　现场观测资料收集

观测站由北京瑞科同创能源科技有限公司进行安装、调试(图 6.1)，自 2015 年 7 月 12 日开始观测，观测项目包括：水平面总辐射，法向直接辐射，水平面散射辐射以及风向、风速、气温、气压等(详见表 6.3)。本报告采用完整月观测资料进行统计分析，故评估时段为 2015 年 8 月 1 日—2016 年 7 月 31 日。

表 6.3　辐射和基本气象要素观测基本情况表

观测站位置(经纬度)	37°28′N,106°25′E
海拔高度	1515 m
观测开始日期	2015 年 7 月 12 日
观测结束日期	—
辐射观测项目	水平面总辐射,法向直接辐射,水平面散射辐射
其他气象要素观测项目	风向、风速、气温、湿度、气压
统计分析起止日期	2015 年 8 月 1 日—2016 年 7 月 31 日

测光系统整体

北

东北

东

东南

图 6.1　方位环拍

6.1.4 观测资料处理和订正

6.1.4.1 数据处理

观测数据原始值为每 10 min 采集一次，数据包括总辐射，法向直接辐射，散射辐射及气温、气压、风向、风速等常规要素观测。每小时辐射值以 1 h 内每 10 min 观测值进行时间累积得到，日值为小时值之和。常规气象要素小时值取各整点数据，日值为小时值平均。

6.1.4.2 数据验证

检查原始辐射和气象要素数据，对其完整性和合理性进行判断，检验不合理和缺测数据，整理出连续一年完整的观测数据。

(1)完整性检验

按某时间顺序实时记录的观测数据数量应等于预期记录的数据数量。

观测数据的时间顺序应符合观测开始至结束的先后顺序。

现场采集的小时数据完整率应在 95%以上。

(2)合理性检验

依据日地外辐射、日照、云量等影响辐射的要素对其合理性进行判断。

日总辐射最大辐照度对平原地区<1400 W/m^2。

日总辐射量<可能的日总辐射量，特殊情况下，冬季允许超过≤20%，夏季≤15%。

日总辐射量≥日散射辐射量。

依据《地面气象观测规范　总则》(GB/T 35221—2017)：辐射观测中的相关要求进行合理性检验。

若周边另有辐射观测站，与其观测数据进行对比。

(3)有效数据完整率

为了有效评估本厂址太阳能资源，对逐 10 min 数据进行了检验，给出其完整性和合理性描述，以数据完整率表示，有效数据完整率应达到 95%以上。

观测数据经均值检验、极值检验、人工校对发现有缺测和不合理数据。不合理数据为 2015 年 10 月 27 日由于仪器本身的原因而造成的不合理观测数据。

观测数据缺测情况结果统计见表 6.4。

表 6.4 数据检验结果统计表(2015 年 8 月 1 日—2016 年 7 月 31 日)

项目	应测数据/个	缺测数据/个	有效数据/个	无效数据/个	完整率
水平面总辐射	52704	0	52560	144	99.7%
法向直接辐射	52704	0	52560	144	99.7%

6.1.4.3 数据插补订正

本报告首先对观测时段缺测或无效数据进行插补订正。

观测时段资料插补订正：对逐日资料进行插补订正。利用银川气象站同季节(秋季)逐时资料，将观测时段内不合理数据进行订正，得到完整的一年资料。

本报告对辐射数据进行剔除并插补，整理方法如下：

(1)对于夜间仍存在的辐射数据进行清零处理；

(2)对某时段无辐射数据的情况，利用同时段参证气象站的辐射数据建立相应关系(表6.5、表6.6)，推算出辐射数据进行插补。

相关系数是衡量两个随机变量之间线性相关程度的统计分析指标。相关系数在－1～1，其绝对值越大，相关程度越高。相关系数大于0，表明两个变量呈正相关，相关系数越接近于1，正相关越显著；相关系数小于0，表明两个变量呈负相关，相关系数越接近于－1，负相关越显著。具体计算方法如下：

$$r=\frac{\sum_{i=1}^{n}(x_i-\overline{x})(y_i-\overline{y})}{\sqrt{\sum_{i=1}^{n}(x_i-\overline{x})^2\cdot\sum_{i=1}^{n}(y_i-\overline{y})^2}}$$

式中，r 为相关系数；n 为样本长度；x_i 和 y_i 分别为样本长度为 n 的两个变量；$\overline{x}$ 和 $\overline{y}$ 分别为变量 x_i 和 y_i 的多年平均值。

根据观测资料和银川气象站资料的相关关系和回归方程(表6.5、表6.6)，将拟建区观测年资料订正至完整。

表6.5　观测期秋季太阳山地区观测要素与银川气象站总辐射的相关系数

银川	拟建区						
	总辐射	法向直接辐射	平均气温	最高气温	最低气温	相对湿度	平均风速
总辐射	0.9135**						
总辐射		0.7646**					
平均气温			0.9680**				
最高气温				0.9566**			
最低气温					0.9366**		
相对湿度						0.7235**	
平均风速							0.1841*

注：**表示通过信度0.001的显著性检验，*表示通过信度0.005的显著性检验。

表6.6　观测期秋季太阳山地区观测要素与银川气象站要素之间的相关方程

要素	方程	方程描述
总辐射	$y=-0.0232+0.9587x$	y 为参证站逐日总辐射，x 为银川逐日总辐射，单位为 W·h/m²
法向直接辐射	$y=-0.9375+1.2950x$	y 为参证站逐日法向直接辐射，x 为银川逐日总辐射，单位为 W·h/m²
平均气温	$y=0.8886+0.9539x$	y 为太阳山地区日平均气温，x 为参证站日平均气温，单位均为 ℃
最高气温	$y=0.7981+0.9392x$	y 为太阳山地区日最高气温，x 为银川日最高气温，单位均为 ℃
最低气温	$y=0.5547+0.9119x$	y 为太阳山地区日最低气温，x 为银川日最低气温，单位均为 ℃
相对湿度	$y=-2.959+0.9935x$	y 为太阳山地区日平均相对湿度，x 为银川日平均相对湿度，单位均为%
平均风速	$y=2.89x$	y 为太阳山地区日平均风速，x 为银川日平均风速，单位均为 m/s

6.2 观测年太阳能资源评估

插补订正完整的一年资料序列称为观测年资料，同时将 2015 年 8 月 1 日—2016 年 7 月 31 日定义为本报告的观测年。

6.2.1 观测年太阳总辐射特征

6.2.1.1 总辐射季、年变化特征

根据插补订正得到的观测年逐日总辐射，统计其逐月总辐射。表 6.7 和图 6.2 为太阳山地区 2015 年 8 月—2016 年 7 月总辐射年变化特征，图 6.3 为其季节变化，从中可知，观测年总辐射为 1712.3 kW·h/m^2，1—12 月月平均总辐射变化幅度较大，3—8 月较大，在 135.3 kW·h/m^{2}以上；全年总体呈现先增大后减小的变化趋势，上半年 1—7 月总辐射逐渐增大，6 月达到全年最大值，为 200.9 kW·h/m^2；下半年 8—12 月总辐射逐渐减小，11 月最小，为 78.1 kW·h/m^2。就各季节来看，夏季（6—8 月）总辐射最大，为 587.1 kW·h/m^2，占全年总辐射的 34.3%；其次为春季（3—5 月），总辐射值为 504.2 kW·h/m^2，占全年总辐射的 29.4%；秋季（9—11 月）总辐射为 332.8 kW·h/m^2，占全年总辐射的 19.4%；冬季（12 月—次年 2 月）总辐射最小，仅为 288.2 kW·h/m^2，占全年总辐射的 16.8%。

表 6.7　太阳山地区观测年逐月总辐射

单位：kW·h/m^2

月份	1	2	3	4	5	6	7	8	9	10	11	12	年
总辐射	91.6	112.8	135.3	172.2	196.8	200.9	200.4	185.8	126.4	128.2	78.1	83.8	1712.3

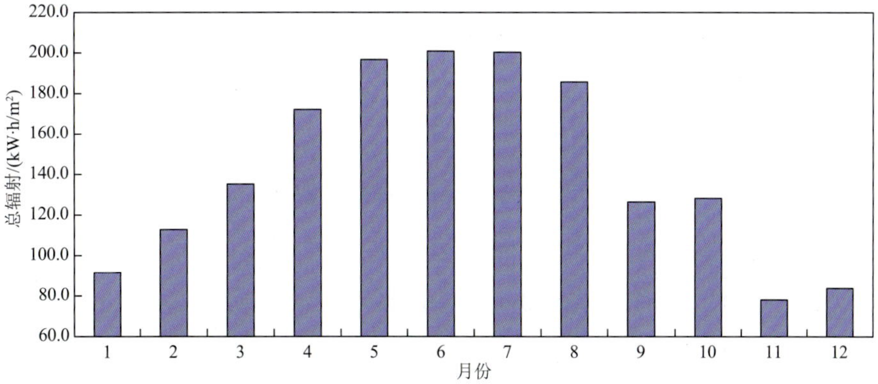

图 6.2　太阳山地区观测年总辐射年变化

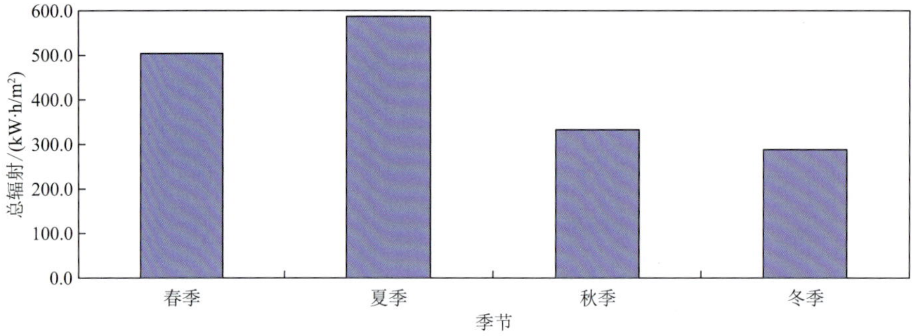

图 6.3　太阳山地区观测年总辐射季节变化

6.2.1.2　总辐射逐日变化特征

分析太阳山地区 2015 年 8 月 1 日—2016 年 7 月 31 日总辐射年内逐日变化(图 6.4)可见:总辐射年内逐日变化总体呈现较明显的峰型特征,总辐射值在 0.2～9.0 kW・h/m² 波动;日平均总辐射为 4.7 kW・h/m²。从 1 月开始,日总辐射呈现明显的上升趋势,4 月中旬至 8 月近 5 个月时间内基本维持在较高的水平,大部分时间日总辐射在 6.0 kW・h/m² 以上,8 月开始呈现逐渐下降的趋势;同时,该时段内总辐射日间变化幅度较大,而其他三个季节日间辐射差异则相对要小一些。这主要是因为夏季天气变化剧烈,而其他几个季节天气变化较为缓和。2—4 月上旬、9—10 月大部分时间在 4.0～7.0 kW・h/m²,11 月—次年 2 月日总辐射小于 4.0 kW・h/m²,9 月和 11 月小于 1 kW・h/m² 的日数明显多于其他时段。

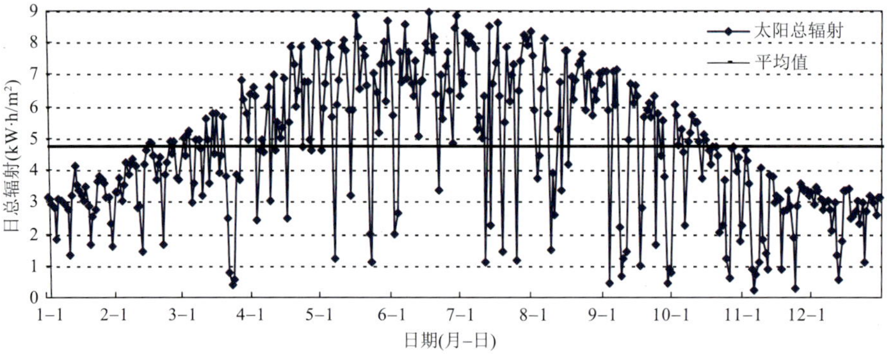

图 6.4　太阳山地区观测年总辐射逐日变化图

6.2.1.3　总辐射逐时变化特征

图 6.5 为观测年总辐射值的逐时变化情况。因 06 时(北京时,下同)之前,20 时之后的全年逐时辐射平均值接近于 0,故只对 06 时至 20 时的辐射变化进行分析。

分析可知,总辐射一日内呈现明显的单峰变化,变化趋势为先增大后减小,即早晨随着太阳升起,太阳高度角增大,总辐射逐渐增加,到中午达到最高值,随后逐渐减小,至太阳落山后降至最低点。就整个观测期来看,06 时总辐射仅为 4.1 W/m²,13 时最大,为 628.7 W/m²;08—18 时,各时次的总辐射均在 100 W/m² 以上。

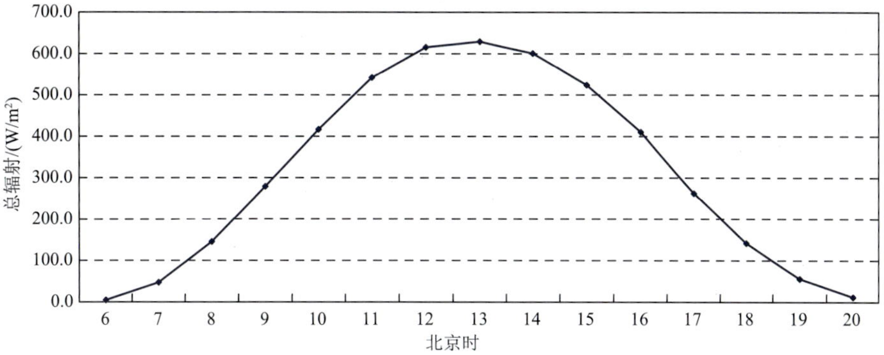

图 6.5 太阳山地区观测期总辐射逐时变化图

6.2.1.4 观测年峰值日照时数

峰值日照时数计算公式如下：

$$Sp = Q/(1000\ W/m^2)$$

式中：Sp 为年峰值日照时数；Q 为年总辐射量，单位为 kW·h/m²；1000 W/m² 为太阳电池的标准光源测试条件。

计算可得太阳山地区观测年峰值日照时数为 1712.3 h。

6.2.2 观测年太阳法向直接辐射特征分析

一般太阳直接辐射观测有两种：垂直于太阳入射光的直接辐射（即法向直接辐射，S）和水平面太阳直接辐射（S_L），二者之间的关系为：

$$S_L = S \cdot \sin H_A$$

式中，H_A 为太阳高度角。本报告获取的辐射资料仅包括太阳总辐射、太阳法向直接辐射资料，故这里仅对太阳法向直接辐射（以下简称法向直接辐射）进行分析。

6.2.2.1 法向直接辐射季、年变化特征

表 6.8 和图 6.6 为太阳山地区观测年 2015 年 8 月—2016 年 7 月逐月法向直接辐射量。可以看出，项目厂址拟建区年法向直接辐射为 1637.0 kW·h/m²。1—8 月基本呈现逐渐增大趋势，9 月开始逐渐减小，4—8 月在 124.4～171.0 kW·h/m²，8 月为全年最大值，为 171.0 kW·h/m²，其他月份较小，均低于 140 kW·h/m²，11 月为全年最小值，仅有 99.2 kW·h/m²。

表 6.8 太阳山地区观测年法向直接辐射年变化

单位：kW·h/m²

	1月	2月	3月	4月	5月	6月	7月	8月	9月	10月	11月	12月	年
直接辐射	123.9	137.4	103.4	124.4	145.1	165.7	170.2	171.0	129.1	139.1	99.2	128.4	1637.0

就各季节来看，夏季法向辐射最大，为 506.9 kW·h/m²，占全年法向直接辐射的 31.0%，春季法向辐射为 372.9 kW·h/m²，占全年法向直接辐射的 22.8%；秋季和冬季差别不大，分别为 367.3 kW·h/m² 和 389.8 kW·h/m²，分别占全年法向直接辐射的 22.4%

和 23.8%(图 6.7)。

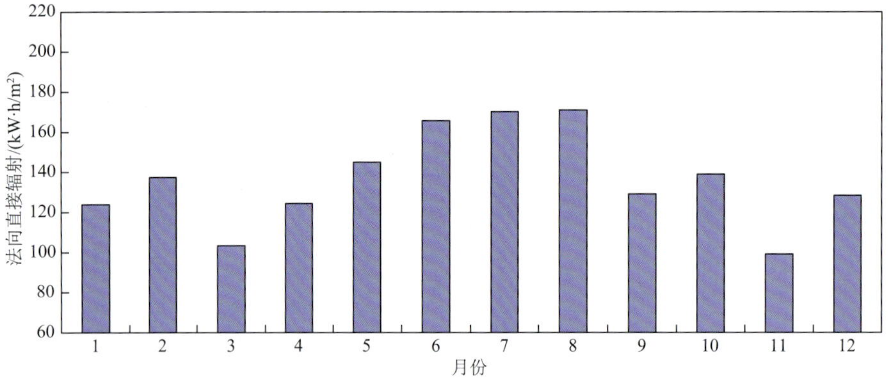

图 6.6　太阳山地区观测年法向直接辐射年变化

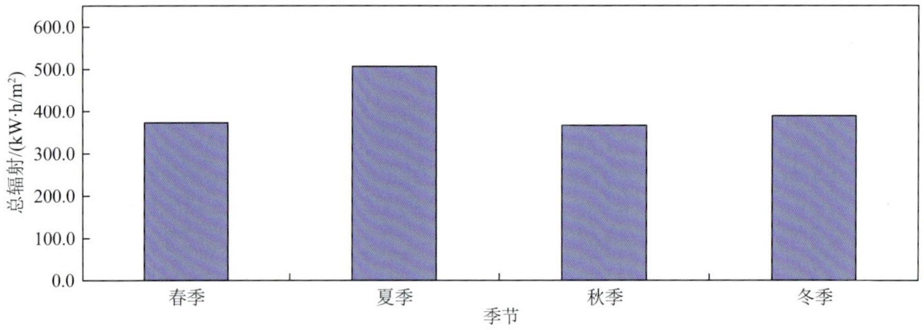

图 6.7　太阳山地区观测年法向直接辐射季节年变化

6.2.2.2　法向直接辐射逐日变化特征

分析太阳山地区观测年法向直接辐射逐日变化(图 6.8),由图可以看出,法向直接辐射年内逐日变化峰型特征不是很明显,最小不足 1 kW·h/m²,最大达 10.8 kW·h/m²(2016 年 6 月 16 日),日平均法向直接辐射为 4.5 kW·h/m²。全年日法向直接辐射大于 4.5 kW·h/m² 的天数为 190 d,占全年总天数的 51.9%,且主要集中在春夏季。

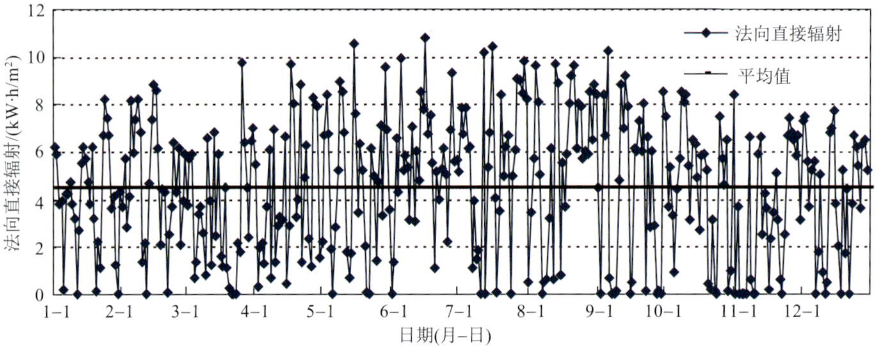

图 6.8　太阳山地区观测年法向直接辐射逐日变化图

6.2.2.3　法向直接辐射逐时变化特征

图 6.9 为观测年法向直接辐射值的逐时变化情况。只统计 06—20 时的法向直接辐射。与总辐射逐日变化特征基本一致，法向直接辐射一日内呈现明显的单峰变化，早晨随着太阳升起，太阳高度角增大，法向直接辐射逐渐增大，到中午达到最大值，随后又逐渐减小，至太阳落山后降至最低点。具体来看，06—07 时和 19—20 时法向直接辐射小于 92 W/m^2，18 时为 173.7 W/m^2，其他时刻均在 100 W/m^{2}以上，中午 12 时最大，为 506.8 W/m^2，且 11 时和 13—14 时均在 480 W/m^{2}以上。与总辐射逐时值相比，除 11—16 时外，其他时次法向直接辐射均大于总辐射。

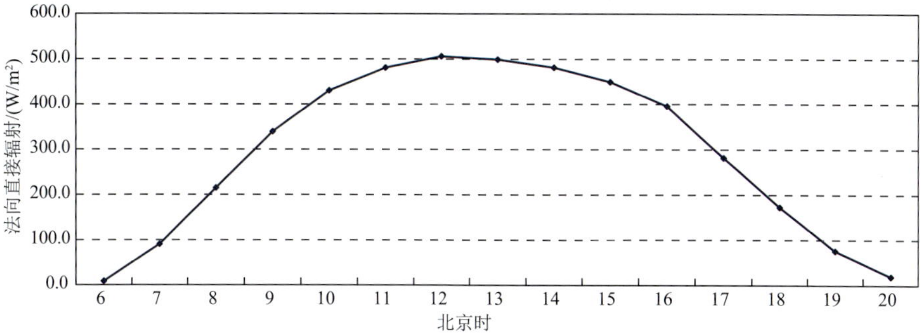

图 6.9　太阳山地区观测期法向直接辐射逐时变化

6.2.3　观测年日照时数特征分析

日照时数是指太阳在一地实际照射的时数。在一给定时间，日照时数定义为太阳直接辐照度达到或超过 120 W/m^{2}的那段时间总和，以小时(h)为单位。

6.2.3.1　日照时数季、年变化特征

表 6.9 和图 6.10 为项目厂址拟建区观测年逐月日照时数。可以看出，拟建区观测年年日照时数为 2826.4 h。从逐月来看，11 月最小，仅为 168.0 h，其次为 9 月，199.4 h，其他月份都在 202 h 以上，7 月最多，达 300.2 h。

就各季节来看(图 6.11)，夏季日照时数最多，为 868.4 h，占全年日照时数的 30.7%；其次为春季，为 724.5 h，占全年日照时数的 25.6%；冬季为 639.6 h，占全年的 22.6%，秋季仅为 593.9 h，占全年的 21.0%。

表 6.9　太阳山地区观测年日照时数年变化

	1月	2月	3月	4月	5月	6月	7月	8月	9月	10月	11月	12月	年
日照时数/h	210.1	227.3	212.7	240.1	271.7	283.8	300.2	284.4	199.4	226.5	168.0	202.2	2826.4

6.2.3.2　日照时数逐日变化特征

分析太阳山地区代表年日照时数逐日变化(图 6.12)，由图可以看出 4 月中旬至 9 月中旬，大部分时间日照时数在 10 h 以上，最多为 13.3 h(6 月 5 日)，其间 10 h 以上日数占总日数的 29.2%；其他时间日照时数基本小于 10 h。日平均日照时数为 7.7 h，全年日照时数大

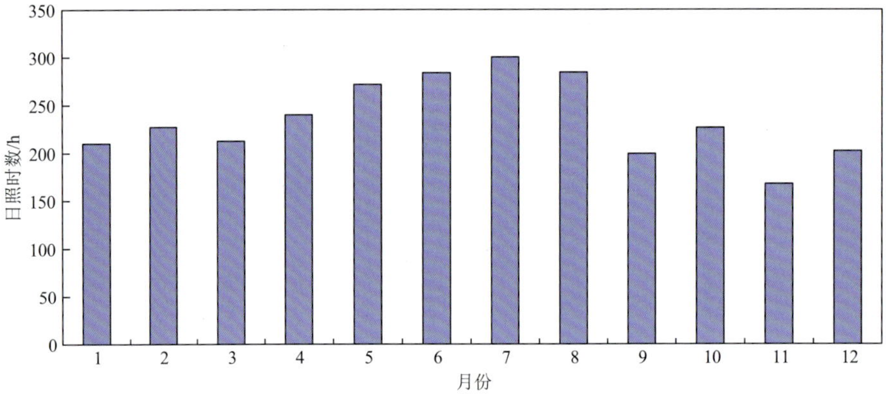

图 6.10　太阳山地区观测年日照时数年变化

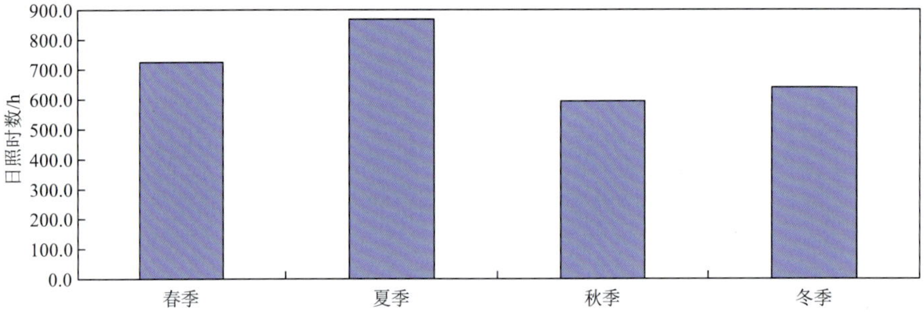

图 6.11　太阳山地区观测年日照时数季节变化

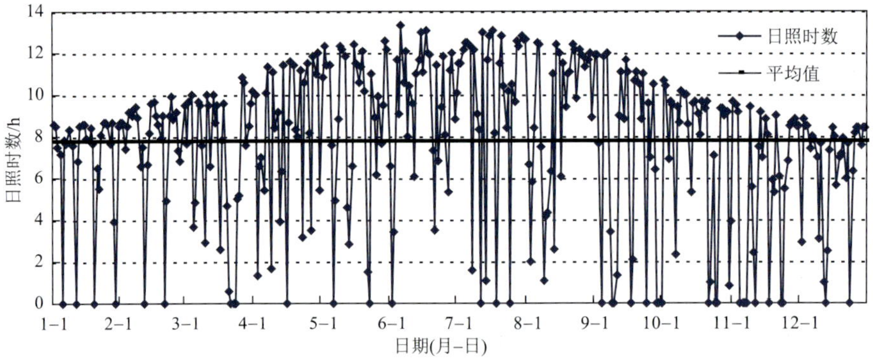

图 6.12　太阳山地区观测年日照时数逐日变化

于 7.6 h 的天数为 225 d，占全年总天数的 61.5%。

6.2.3.3　日照百分率季、年变化特征

日照百分率为一个时段内测站实际日照时数与当地的可能日照时数之比（百分比），可能日照时数有天文可能日照时数与地理可能日照时数两种，因而，分别有天文日照百分率与

地理日照百分率。天文可能日照时数决定于当地的纬度，而地理可能日照时数除与纬度有关外，还受当地其他地理条件的影响。通常所说的日照百分率一般指天文日照百分率。日照百分率(%)表明了气候条件(主要是云、雨、雾、尘、沙等)减少了多少日照时间。

可照时数计算方法如下：

$$\sin\frac{T_B}{2}=\sqrt{\frac{\sin(45°+\frac{\varphi-\delta+\gamma}{2})\sin(45°+\frac{\varphi-\delta-\gamma}{2})}{\cos\varphi\cos\delta}}$$

$$T_A=2T_B$$

式中：T_A为可照时数；T_B为半日可照时数；$\gamma=34'$为蒙气差；φ为当地纬度；δ为太阳赤纬，单位为弧度。

δ计算方法如下：

$$\delta=0.3723+23.2567\sin x+0.1149\sin 2x-0.1712\sin 3x-0.7580\cos x+0.3656\cos 2x+0.0201\cos 3x$$

$$x=2\pi\times(N-N_0)/365.2422$$

式中：N为按天数顺序排列的日序，取值范围为1～365或366，1月1日为1；$N_0=79.6764+0.2422(y-1985)-\mathrm{INT}(0.25(y-1985))$，其中$y$为年份，INT()为取整数的标准函数。

表6.10和图6.13为太阳山地区代表年各月日照百分率。可以看出，拟建区观测年年日照百分率为63.3%。从逐月来看，最大出现在2月，为73.1%，其次为1月和8月，分别为67.8%和67.7%，3月、9月和11月均在60%以下，9月最小，仅为53.5%。

就各季节来看(图6.14)，冬季日照百分率最大，为68.7%，其次为夏季，为66.0%，春季和秋季差别不大，分别为60.7%和57.9%。

表6.10　太阳山地区观测年日照百分率年变化

	1月	2月	3月	4月	5月	6月	7月	8月	9月	10月	11月	12月	年
日照时数百分率/%	67.8	73.1	58.1	60.9	62.6	63.2	67.3	67.7	53.5	64.9	55.3	65.2	63.3

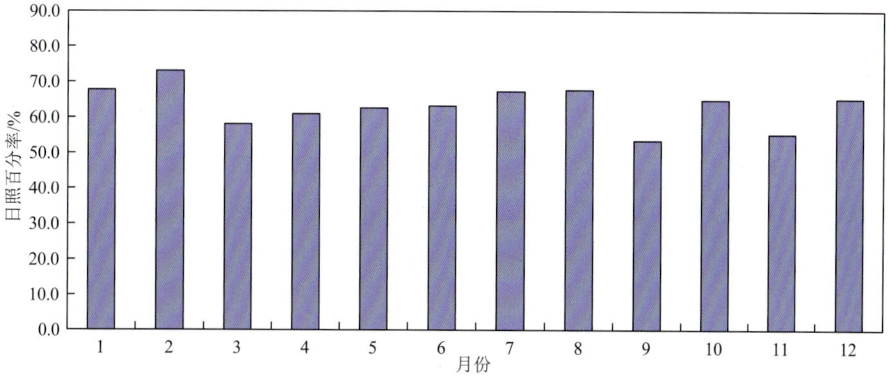

图6.13　太阳山地区观测年日照百分率年变化

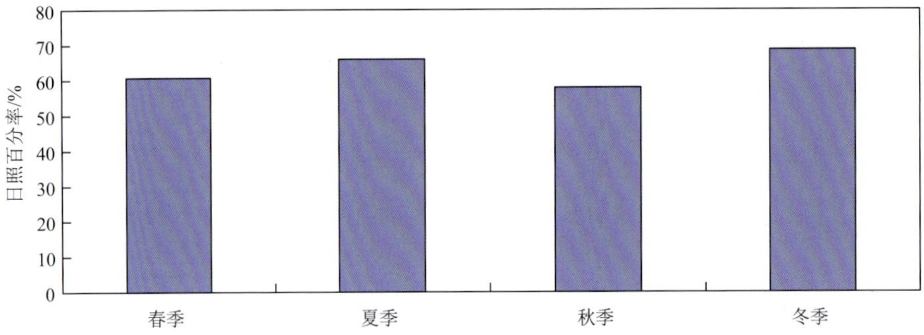

图 6.14　太阳山地区观测年日照百分率季节变化

6.3　代表年太阳能资源分析

6.3.1　长年代太阳辐射资料反演及代表年确定

常规日射站直接辐射观测多是对水平面太阳直接辐射的观测，但集热发电主要关注垂直于太阳入射光的直接辐射量，由于本观测点观测数据仅有一年，观测时间较短，代表性不强，无法反映长年代情况下直接辐射的变化情况，所以需要分析长时间序列的直接辐射变化。

法向直接辐射与天文辐射、总辐射、日照时数、大气气溶胶含量和云量等变量均有关系，但有些影响其变化的变量很难获得，而且目前关于法向直接辐射的分析研究较少，它本身与各影响变量的关系并没有定量的分析和描述。本节根据参政气象站银川长年代总辐射观测量，分析其与拟建区总辐射、法向直接辐射的定量关系，并以此推算太阳山地区太阳辐射的长时间序列变化情况。因此，我们将通过统计学方法计算出拟建区多年逐月逐日的辐射量，进行太阳能资源的分析及评估。

根据《太阳能电站项目选址评估技术指南》(孙娴 等，2012)中厂址长期太阳辐射数据订正方法，统计分析观测期厂址处与银川气象站各季节太阳辐射的关系。结果表明(表 6.11)，观测期各季节太阳山地区太阳总辐射、法向直接辐射和银川气象站同期的太阳总辐射相关系数在 0.56 以上，通过了 99.9%的显著性水平，表明太阳山地区太阳辐射与银川太阳总辐射之间存在极为显著的相关关系。采用数理统计方法，建立它们之间的相关方程(表 6.12)，以观测期观测得到的太阳总辐射和法向直接辐射与同时段气象站逐日总辐射观测资料，推算得到拟建区近 30 a 逐日太阳辐射资料。

表 6.11　观测期各季节太阳山地区太阳辐射与银川气象站总辐射的相关系数

总辐射				法向直接辐射			
春季	夏季	秋季	冬季	春季	夏季	秋季	冬季
0.8814	0.8336	0.9135	0.8932	0.7378	0.7367	0.7646	0.5656

表 6.12 观测期各季节太阳山地区太阳辐射与银川气象站总辐射的相关方程

<table>
<tr><td rowspan="4">总辐射</td><td>春季</td><td>$y=0.5469+0.903x$</td><td rowspan="8">y 为太阳山地区辐射，x 为银川总辐射</td></tr>
<tr><td>夏季</td><td>$y=1.7504+0.7858x$</td></tr>
<tr><td>秋季</td><td>$y=0.4152+1.002x$</td></tr>
<tr><td>冬季</td><td>$y=0.9601+0.829x$</td></tr>
<tr><td rowspan="4">法向直接辐射</td><td>春季</td><td>$y=-2.0594+1.1189x$</td></tr>
<tr><td>夏季</td><td>$y=-0.9214+1.0912x$</td></tr>
<tr><td>秋季</td><td>$y=-0.3464+1.3520x$</td></tr>
<tr><td>冬季</td><td>$y=0.5231+1.4125x$</td></tr>
</table>

根据《太阳能电站项目选址评估技术指南》(孙婀 等，2012)中代表年资料订正的方法，采用近 30 a 逐年逐月太阳辐射资料，统计累年逐月平均太阳辐射量，选择年太阳辐射量接近累年年平均太阳辐射量的一年作为辐射代表年，辐射代表年逐月平均太阳辐射应尽可能接近累年逐月平均太阳辐射。

由此，得出拟建区代表年为 2012 年。2012 年太阳总辐射较近 30 年平均总辐射偏多 6.7 kW·h/m^2，逐月总辐射较近 30 年同期平均辐射偏离幅度在 12.4 kW·h/m^{2}之内，其中 2—5 月、10—11 月偏离幅度在 1.8 kW·h/m^{2}之内，为近 10 a 最接近或次接近累年当月平均值的年份；2012 年法向直接辐射较近 30 a 平均法向直接辐射偏少 1.2 kW·h/m^2，逐月法向直接辐射较近 30 年同期平均法向直接辐射偏离幅度在 17.1 kW·h/m^{2}之内，其中 2—5 月、10—11 月偏离幅度在 5.5 kW·h/m^{2}之内，2—6 月、10—11 月近 10 年最接近或次接近累年当月平均值的年份(表 6.13，表 6.14)。

表 6.13 太阳山地区 2012 年及累年逐月总辐射

单位：kW·h/m^2

	1 月	2 月	3 月	4 月	5 月	6 月	7 月	8 月	9 月	10 月	11 月	12 月	年
累年平均	95.5	106.8	140.7	166.5	192.6	202.4	202.1	186.8	144.9	126.5	95.4	88.5	1748.6
2012 年	90.3	107.4	139.3	167.6	191.2	210	196.3	192.3	157.3	128.3	95.4	79.9	1755.3
2012 年与累年平均差	−5.2	0.6	−1.4	1.1	−1.4	7.6	−5.8	5.5	12.4	1.8	0.0	−8.6	6.7

表 6.14 太阳山地区 2012 年及累年逐月法向直接辐射

单位：kW·h/m^2

	1 月	2 月	3 月	4 月	5 月	6 月	7 月	8 月	9 月	10 月	11 月	12 月	年
累年平均	128.2	150.5	111.3	117.9	143.6	180.8	177.1	156.5	167.9	142.4	102.3	117.0	1695.6
2012 年	119.4	150.7	108.5	120.9	138.1	191.7	168.7	163.2	185	145	101.5	101.7	1694.4
2012 年与累年平均差	−8.8	0.2	−2.8	3.0	−5.5	10.9	−8.4	6.7	17.1	2.6	−0.8	−15.3	−1.2

6.3.2 代表年太阳总辐射特征

6.3.2.1 总辐射季、年变化特征

表 6.15 和图 6.15 为项目厂址拟建区代表年总辐射年变化特征。从此图表可知，代表年总辐射为 1755.3 kW·h/m²。1—12 月月平均总辐射变化幅度较大，全年总体呈现先增大后减小的变化趋势，6 月为全年最大值，为 210.0 kW·h/m²，12 月最小，为 79.9 kW·h/m²。

就各季节来看(图 6.16)，夏季(6—8 月)总辐射最大，为 598.6 kW·h/m²，占全年总辐射的 34.1%；其次为春季(3—5 月)，总辐射值为 498.1 kW·h/m²，占全年总辐射的 28.3%；秋季(9—11 月)总辐射为 381.0 kW·h/m²，占全年总辐射的 21.7%；冬季(12 月—次年 2 月)总辐射最小，仅为 279.4 kW·h/m²，占全年总辐射的 15.9%。

表 6.15 太阳山地区代表年逐月总辐射

单位：kW·h/m²

	1月	2月	3月	4月	5月	6月	7月	8月	9月	10月	11月	12月	年
总辐射	90.3	107.4	139.3	167.6	191.2	210.0	196.3	192.3	157.3	128.3	95.4	79.9	1755.3

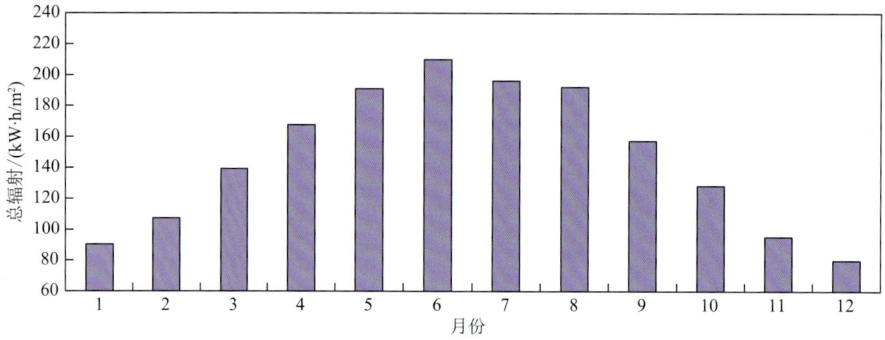

图 6.15 太阳山地区代表年总辐射年变化

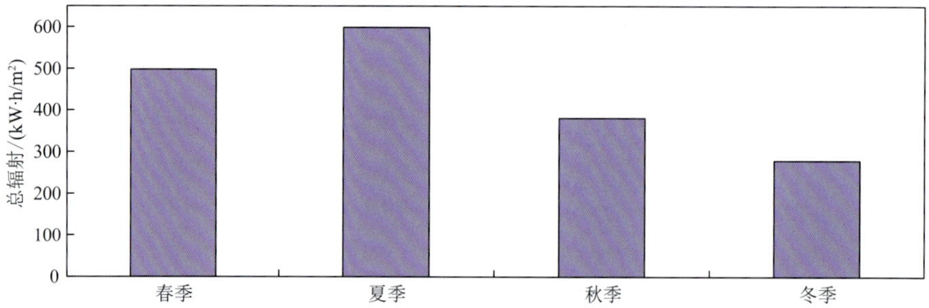

图 6.16 太阳山地区代表年总辐射季节变化

6.3.2.2 总辐射逐日变化特征

分析项目厂址拟建区代表年总辐射年内逐日变化(图 6.17)可见：总辐射年内逐日变化总体呈现较明显的峰型特征，总辐射值在 0.5～8.4 kW·h/m² 波动；日平均总辐射为 4.8 kW·h/m²。从 1 月开始，日总辐射呈现明显的上升趋势，6 月 11 日为峰值，3 月下旬至 9 月

近 6 个月时间内的 83.0%的时间日总辐射在 4.8 kW·h/m^2以上；2 月、10—11 月大部分时间在 3.0～4.8 kW·h/m^2，12 月和 1 月大部分时间日总辐射介于 1.0～3.0 kW·h/m^2。

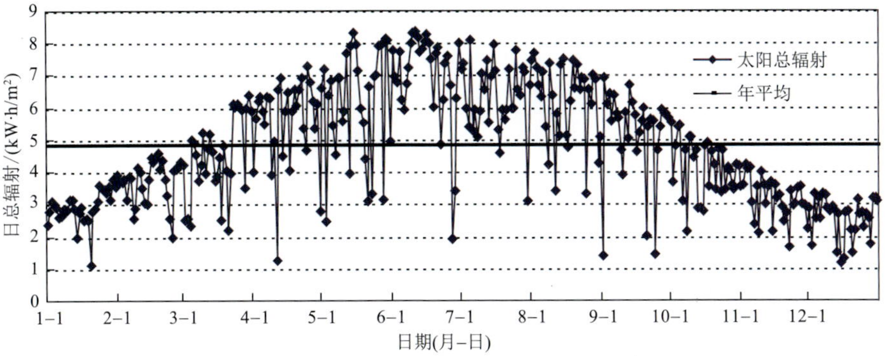

图 6.17 太阳山地区代表年总辐射逐日变化

6.3.2.3 年峰值日照时数

根据 6.2.1.4 中的计算方法计算可得太阳山地区代表年峰值日照时数为 1755.3 h。

6.3.3 代表年太阳法向直接辐射特征分析

6.3.3.1 法向直接辐射年、季节变化特征

表 6.16 和图 6.18 为太阳山地区代表年逐月法向直接辐射。可以看出，拟建区代表年法向直接辐射为 1694.4 kW·h/m^2。从逐月来看，6 月最大，为 191.7 kW·h/m^2，2 月、6—8 月均在 150.0 kW·h/m^2以上；其他月份在 121 kW·h/m^2以下，11 月最小，为 101.5 kW·h/m^2。

表 6.16 太阳山地区代表年法向直接辐射年变化

单位：kW·h/m^2

	1月	2月	3月	4月	5月	6月	7月	8月	9月	10月	11月	12月	年
直接辐射	119.4	150.7	108.5	120.9	138.1	191.7	168.7	163.2	185	145	101.5	101.7	1694.4

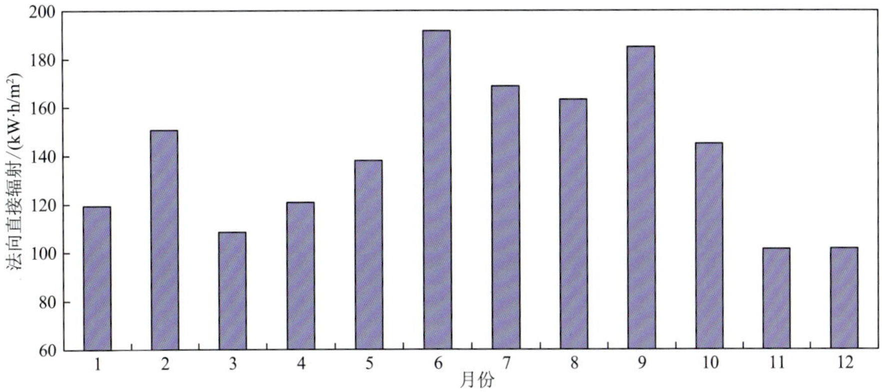

图 6.18 太阳山地区代表年法向直接辐射年变化

就各季节来看(图 6.19),夏季法向直接辐射最大,为 523.6 kW·h/m²,占全年法向直接辐射的 30.8%;其次为秋季,为 431.5 kW·h/m²,占全年法向直接辐射的 25.4%;冬季为 374.8 kW·h/m²,占全年法向直接辐射的 22.1%,春季仅为 367.6 kW·h/m²,占 21.7%。

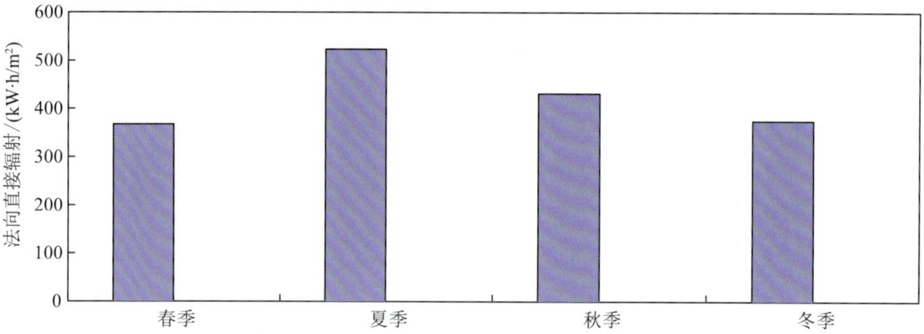

图 6.19 太阳山地区代表年法向直接辐射季节变化

6.3.3.2 法向直接辐射逐日变化特征

分析太阳山地区代表年法向直接辐射日变化(图 6.20)。由图可以看出,日平均法向直接辐射为 4.7 kW·h/m²;3 月下旬—9 月较大,最大达 8.4 kW·h/m²(6 月 11 日),4.7 kW·h/m² 以上的日数达 139 d,占该时段总日数的 71.6%;其他月份较小,最小为 0.3 kW·h/m²。

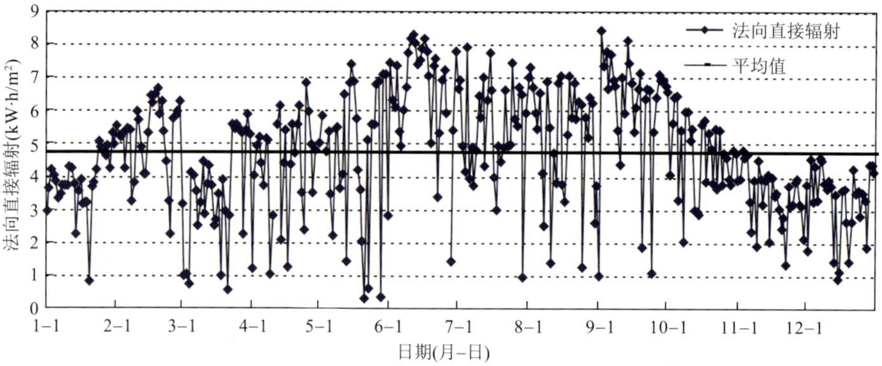

图 6.20 太阳山地区代表年法向直接辐射逐日变化

6.3.4 代表年日照时数特征分析

6.3.4.1 日照时数季、年变化特征

表 6.17 和图 6.21 为项目厂址拟建区代表年逐月日照时数。可以看出,拟建区代表年年日照时数为 2931.6 h。从逐月来看,除 2 月和 12 月,其他月份都在 200 h 以上,6 月最大,为 309.8 h,其次分别为 7 月、5 月和 8 月,12 月最小,为 172.9 h。

就各季节来看(图 6.22),夏季日照时数最多,为 876.6 h,占全年日照时数的 29.6%;其次春季和秋季差别不大,分别为 754.2 h 和 714.5 h,分别占全年日照时数的 25.5% 和 24.2%;冬季为 611.3 h,占全年日照时数的 20.7%。

表 6.17 太阳山地区代表年日照时数年变化

	1月	2月	3月	4月	5月	6月	7月	8月	9月	10月	11月	12月	年
日照时数/h	218.3	195.1	198.2	270.3	285.7	309.8	294.9	271.9	240.8	250.7	223.0	172.9	2931.6

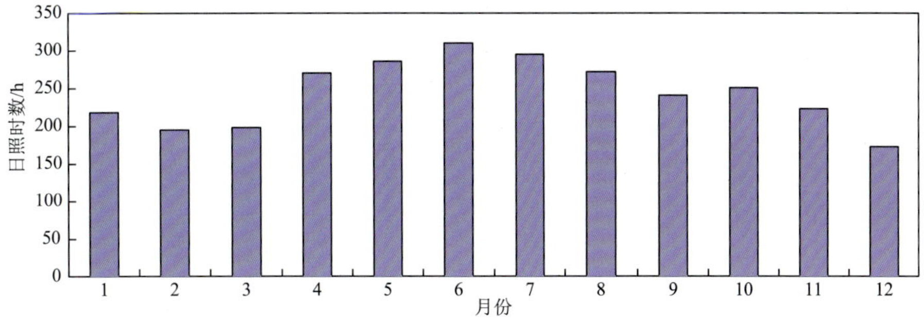

图 6.21 太阳山地区代表年日照时数年变化

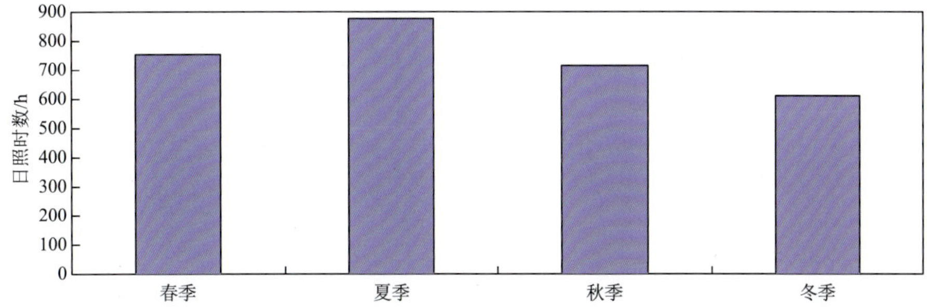

图 6.22 太阳山地区代表年日照时数季节变化

6.3.4.2 日照时数逐日变化特征

分析太阳山地区代表年日照时数日变化(图 6.23),可以看出 4—9 月,大部分时间日照时数在 10 h 以上,最多为 13.5 h(7 月 5 日),期间 10 h 以上日数占总日数有 109 d,占 59.6%;其他时间日照时数基本小于 10 h。日平均日照时数为 8.0 h,全年日照时数大于 8.0 h 的天数为 232 d,占全年总天数的 63.4%;有 36 d 无日照。

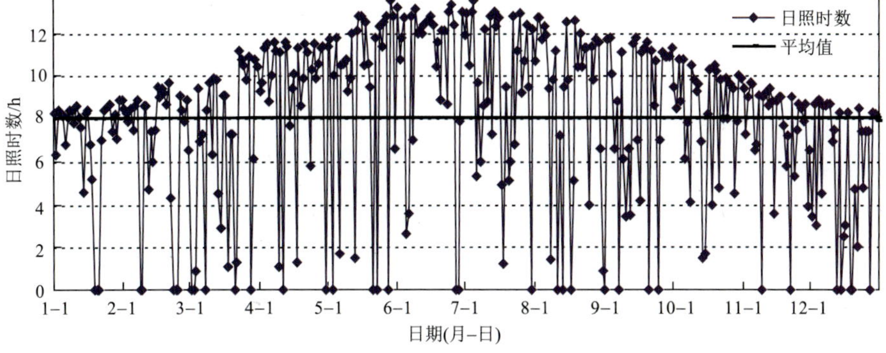

图 6.23 太阳山地区代表年日照时数逐日变化

6.3.4.3 日照百分率季、年变化特征

表 6.18 和图 6.24 为太阳山地区代表年各月日照百分率。可以看出，拟建区代表年年日照百分率为 65.8%。从逐月来看，11 月最大，为 73.4%，其次为 10 月和 1 月，分别为 71.8%和 70.4%，其他月份都在 70%以下，3 月最小，为 54.2%。

就各季节来看(图 6.25)，秋季日照百分率最大，为 69.6%，夏季和冬季差别不大，分别为 66.7%和 66.4%，春季最小，为 63.2%。

表 6.18 太阳山地区代表年日照百分率年变化

	1 月	2 月	3 月	4 月	5 月	6 月	7 月	8 月	9 月	10 月	11 月	12 月	年
日照时数百分率/%	70.4	65.0	54.2	68.6	65.8	69.0	66.1	64.7	64.6	71.8	73.4	55.8	65.8

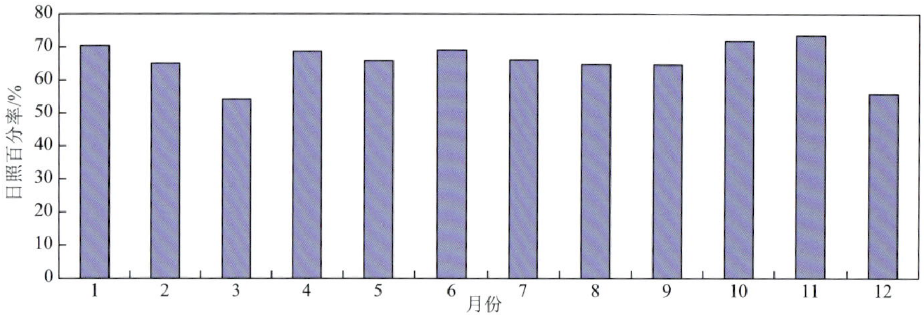

图 6.24 太阳山地区代表年日照百分率年变化

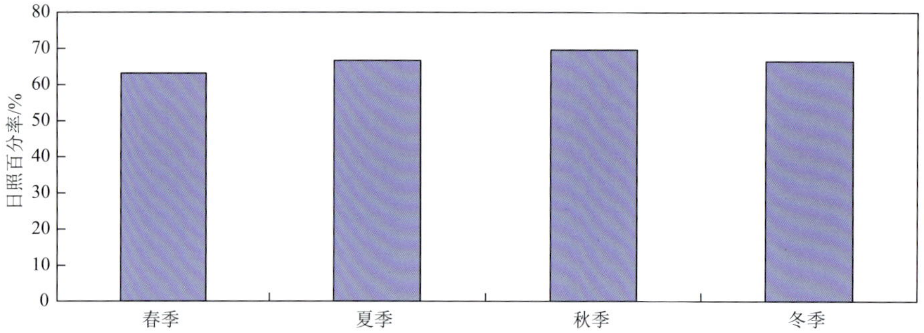

图 6.25 太阳山地区代表年日照百分率季节变化

6.3.4.4 有效日照时数月、季、年变化特征

统计代表年逐月日照时数在 6 h 以上的时数和日数，分析其季、年变化特征。

表 6.19 和图 6.26 为项目厂址拟建区代表年逐月有效日照时数。可以看出，拟建区代表年日照时数在 6 h 以上的天数有 282 d，占全年的 77.0%；年有效日照时数为 2760.4 h，占全年日照时数的 94.2%。从逐月来看，所有月份日照时数在 6 h 以上的天数都在 18 d 以上，其中 1 月和 6 月达 26 d，12 月最小；逐月有效日照时数在 145.0～303.6 h，12 月最小，6 月最大。

就各季节来看(图 6.27)，夏季有效日照时数最多，为 830.5 h，占全年有效日照时数的

29.6%;其次为春季,为 732.1 h,占全年有效日照时数的 26.1%;秋季为 664.2 h,冬季为 577.8 h,分别占全年有效日照时数的 23.7%和 20.6%。

表 6.19 太阳山地区代表年有效日照时数年变化

	1月	2月	3月	4月	5月	6月	7月	8月	9月	10月	11月	12月	年
日照时数/h	208.5	180.1	187.5	262.1	282.5	303.6	266.4	260.5	229.7	230.1	204.4	145.0	2760.4
天数/d	26	21	21	25	25	26	24	24	23	25	24	18	282

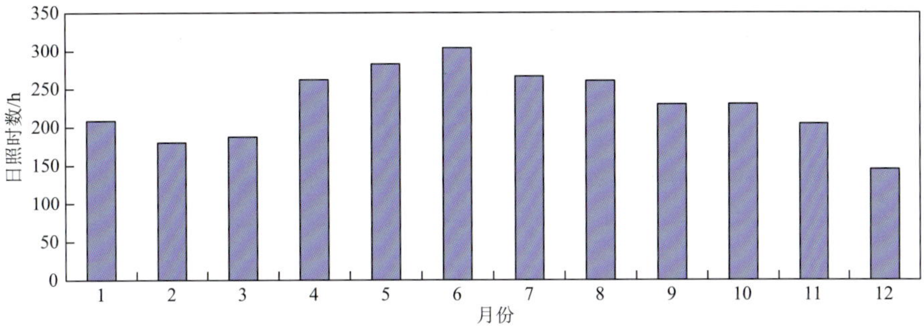

图 6.26 太阳山地区代表年有效日照时数年变化

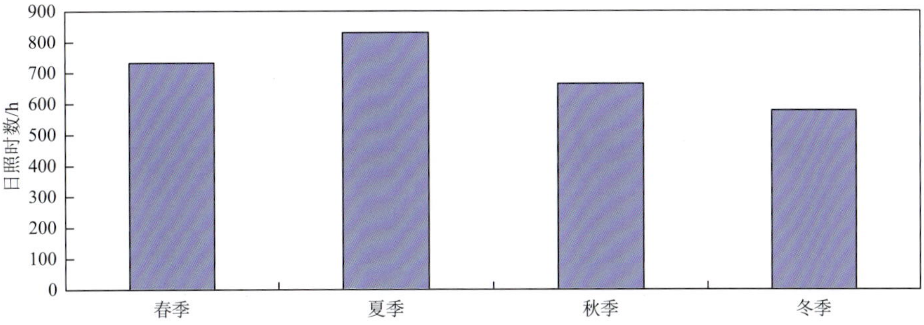

图 6.27 太阳山地区代表年有效日照时数季节变化

6.3.4.5 典型日太阳能资源特征

分别订正得到历年春分、夏至、秋分、冬至四个典型日逐时太阳能,分析其资源变化(表 6.20,图 6.28,图 6.29)。

春分日总辐射为 4.6 kW·h/m²,12 时最大,为 593 W/m²;夏至日为 6.5 kW·h/m²,12 时最大,为 588 W/m²;秋分日为 4.5 kW·h/m²,13 时最大,为 589 W/m²;冬至日最小,仅为 2.7 kW·h/m²,13 时最大,为 317 W/m²;夏至日总辐射是冬至日的 2.4 倍。

春分日法向直接辐射为 3.6 kW·h/m²,12 时最大,为 756 W/m²;夏至日为 5.7 kW·h/m²,12 时最大,为 816 W/m²;秋风日为 5.2 kW·h/m²,13 时最大,为 769 W/m²;冬至日为 3.5 kW·h/m²,13 时最大,为 541 W/m²。

春分日、夏至日、秋分日日照时数在 7.3~12.1 h,日照百分率在 60.8%~80.7%,冬至较小,日照时数为 4.7 h,日照百分率为 47.0%。

表 6.20 太阳山地区代表年典型日太阳能资源

	春分	夏至	秋分	冬至
总辐射/(kW·h/m²)	4.6	6.5	4.5	2.7
法向直接辐射/(kW·h/m²)	3.6	5.7	5.2	3.5
日照时数/h	7.3	12.1	8.6	4.7
日照百分率/%	60.8	80.7	71.7	47.0

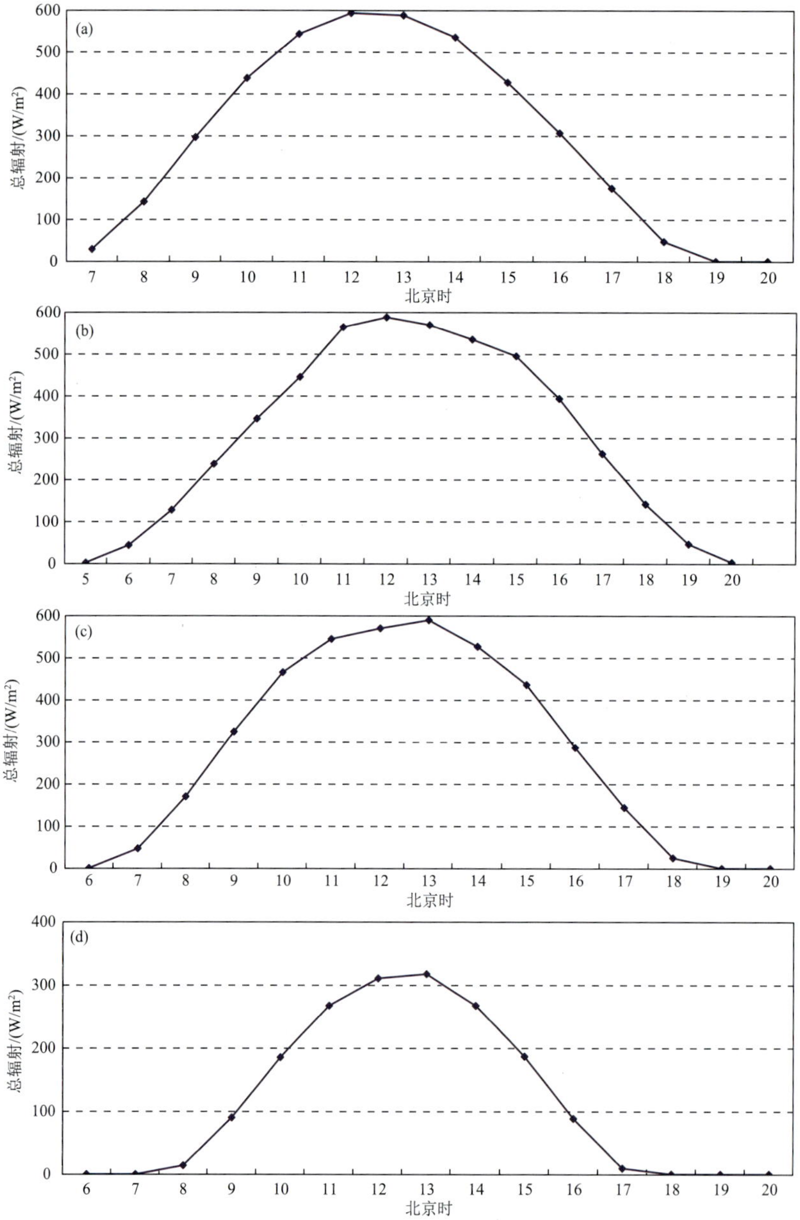

图 6.28 太阳山地区代表年总辐射典型日逐时变化

(a)春分；(b)夏至；(c)秋分；(d)冬至

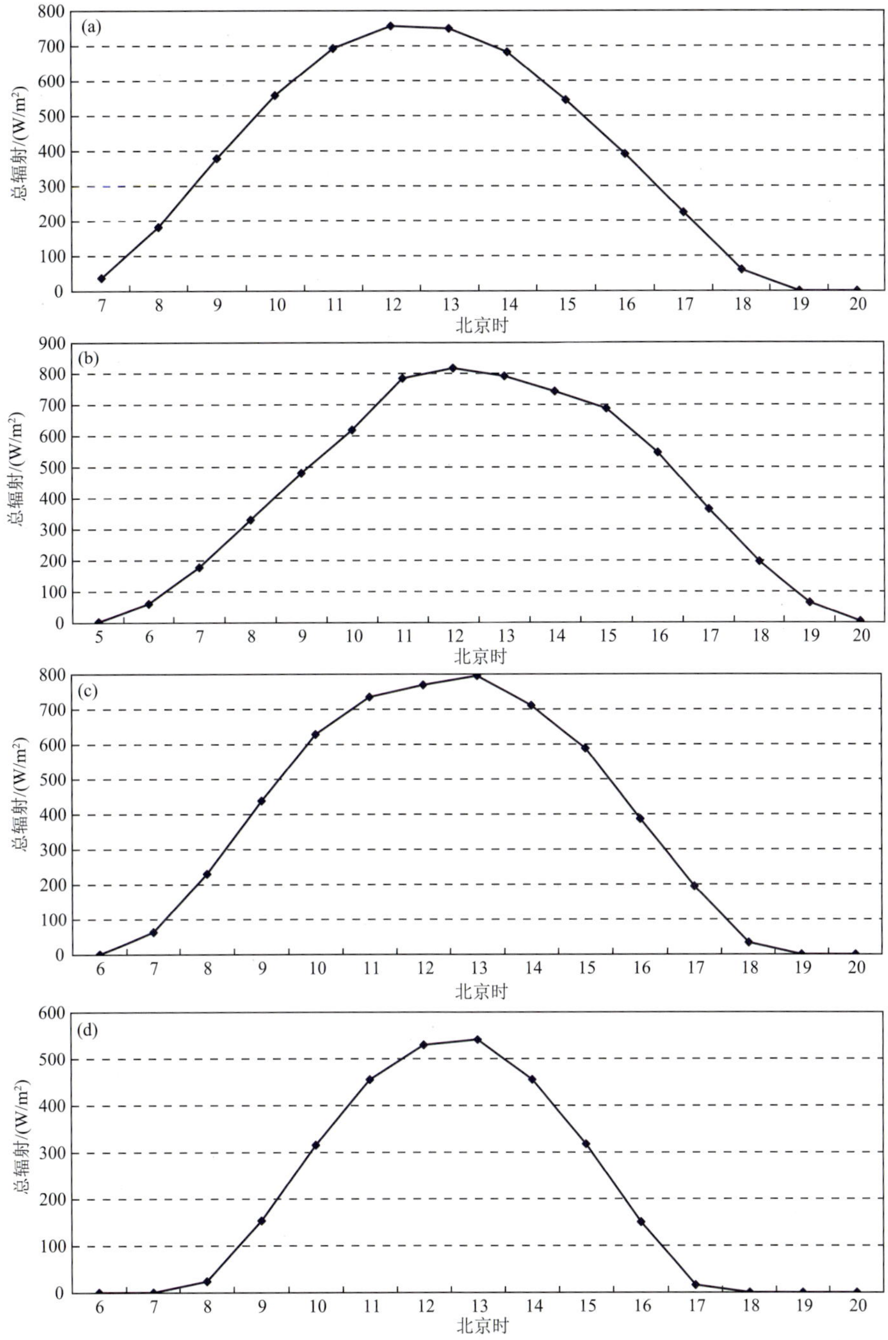

图 6.29　太阳山地区法向直接辐射典型日逐时变化

(a)春分；(b)夏至；(c)秋分；(d)冬至

6.3.5　工程代表年太阳辐射数据

由于太阳辐射量具有随机性，根据各年的太阳辐射数据来计算相关的工程设计参数其结果会有很大的误差。因此，要从多年的气象数据中挑选出具有代表性的太阳辐射数据，建立工程代表年以充分反映长期的太阳辐射变化规律。

工程代表年的确定是通过已有太阳辐射观测资料的分析整理，由 12 个接近平均值的标准月数据组成。标准月是根据一定的基准挑选出实际观测值形成。工程代表年数据对电站运行期间太阳辐射强度应有很好的预测性，因为其关系到对工程设计参数的选择、工程运行期发电量、工程运行效益的计算等是否准确可靠。

6.3.5.1 工程代表年的选择

在自然现象和社会现象中，大量的随机变量都服从或近似服从正态分布，如测量误差、海洋波浪的高度、一个地区的太阳辐射情况等。因此，可采用统计学中的正态分布来研究太阳辐射资料。正常条件下的太阳辐射资料是一个连续型随机变量，具有概率密度，对统计推断问题而言，由于太阳辐射情况的总体分布未知，其概率密度也是未知的，为了预测今后几十年的太阳辐射情况，有必要对太阳辐射的总体分布情况进行研究，同时考虑地面太阳辐射受外界因素（如沙尘、大气污染、温室效应等因素）影响较大，还需对实际太阳辐射数据进行必要修正或剔除，尽量确保其总体随机变量发生的条件相同，提高数据的有效性。本报告中利用推算得到的拟建区近 30 a 逐日太阳辐射资料结合直方图近似拟合为正态分布曲线，以便直观了解太阳辐射量的概率分布情况，从而找出高概率区间的实测值，作为电站设计的基本计算参数。

由正态分布特征可知，概率密度最高点对应的 μ 值就是概率发生最高的值，且对于确定的 μ，标准差 δ 越小，μ 的概率密度大，随机变量落在 μ 附近的概率越大，反之，标准差 δ 越大，μ 的概率密度越小，随机变量落在 μ 附近的概率越小。通过太阳辐射量拟合正态分布曲线图找出太阳辐射量的高概率区间，从当地辐射资料中选取该区间的值作为各月份的标准月数值。1—12 月的太阳辐射量拟合正态分布曲线如图 6.30 所示。

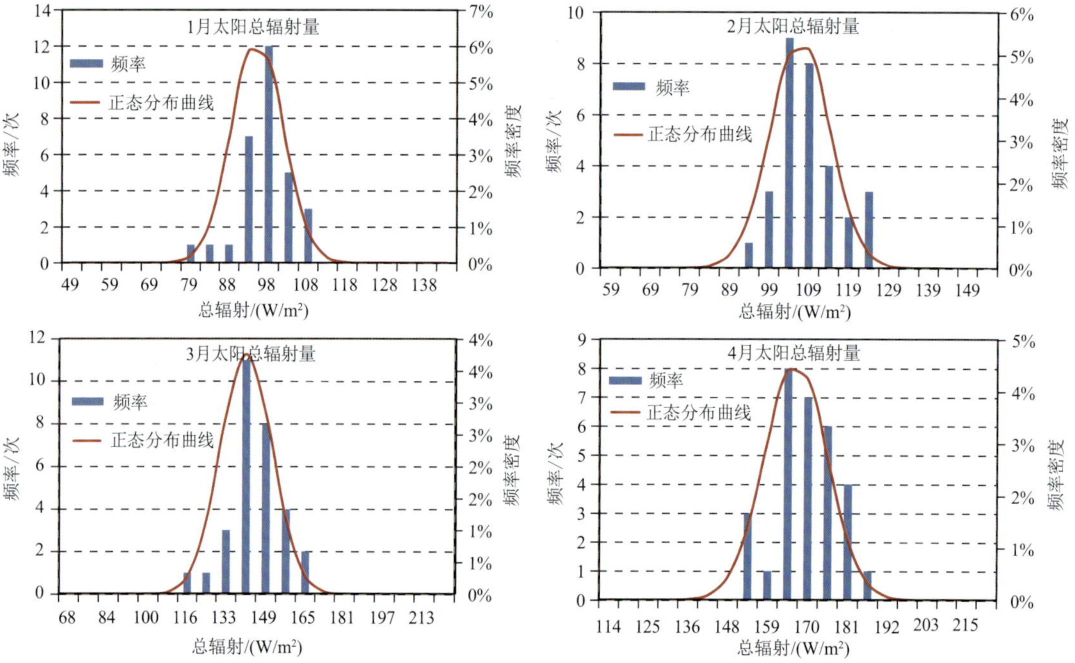

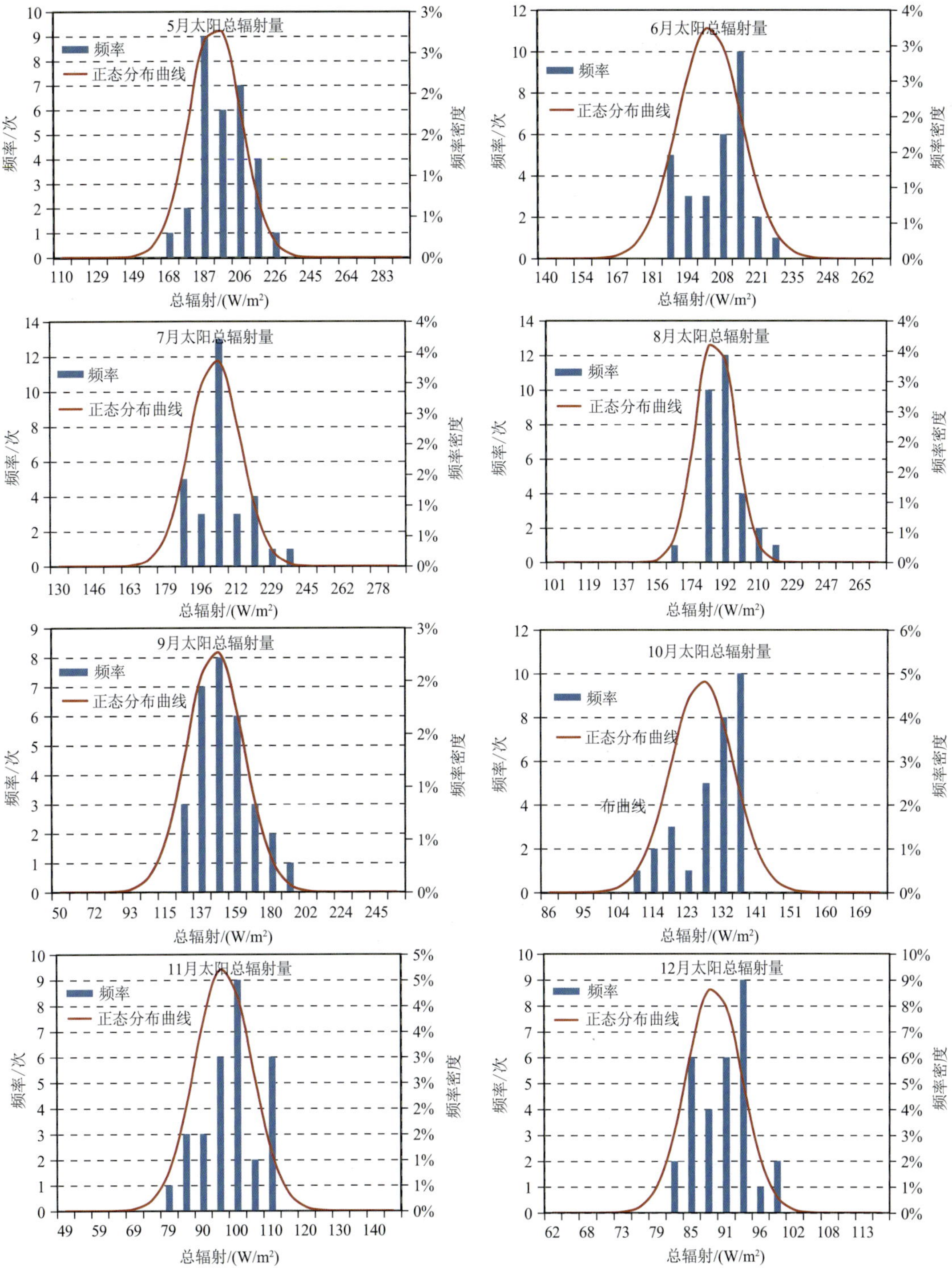

图 6.30　1—12 月太阳辐射量正态分布直方图

6.3.5.2　工程代表年标准月数据

选出的工程代表年太阳辐射数据如表 6.21 所示。

表 6.21 工程代表年标准月辐射量、法向直接辐射及日照时数

	1月	2月	3月	4月	5月	6月
所在年	2009	2010	2013	2009	2014	2003
标准月辐射量/(kW·h/m^2)	93.9	103.3	143.0	163.6	198.5	200.5
标准月法向直接辐射/(kW·h/m^2)	125.4	144.9	113.2	112.4	149.8	178.8
标准月日照时数/h	239.7	202.6	246.0	286.7	308.8	302.7
月份	7月	8月	9月	10月	11月	12月
所在年	2014	2006	2003	2013	2012	2001
标准月辐射量/(kW·h/m^2)	204.8	182.4	147.7	128.1	95.4	87.8
标准月法向直接辐射/(kW·h/m^2)	181.4	149.3	172.0	144.8	101.5	115.1
标准月日照时数/h	287.1	263.0	222.9	230.3	223.0	198.6

由不同年份的标准月所组成的工程代表年年辐射总量为 1749.0 kW·h/m^2，年法向直接辐射总量为 1688.6 kW·h/m^2，年日照时数为 3011.4 h。

6.4 辐射敏感性分析

通过分析太阳辐射和气象要素之间的关系来分析辐射的敏感性。

6.4.1 总辐射和其他气象要素的关系

分析太阳山地区观测期观测得到的逐日气温（平均气温、最高气温、最低气温）、气压、相对湿度（平均相对湿度、最高相对湿度、最低相对湿度）与总辐射的关系。

表 6.22 为各气象要素与总辐射的相关系数。从表可知，总辐射与日照时数的相关系数最大，达 0.8463；与日平均气温、日最高气温、日最低气温、气温日较差均呈显著正相关关系，达到 99.9%的置信水平，即日照时数是影响太阳总辐射的最直接要素，而气温升高、日照时数增多，总辐射增加；反之亦然。总辐射与相对湿度呈显著负相关关系，并且最高相对湿度对太阳总辐射的影响大于最低相对湿度，即相对湿度减小，总辐射增加；日平均气压增加，总辐射降低；与平均风速没有明显相关关系。由此可见，太阳辐射和日照时数、气温及相对湿度的敏感性较强。

表 6.22 太阳山地区观测期总辐射与各气象要素的相关系数

日照时数	平均气温	最高气温	最低气温	气温日较差	平均风速	平均相对湿度	最高相对湿度	最低相对湿度	气压
0.8463*	0.6168*	0.6780*	0.5075*	0.6599*	0.0114	−0.5451*	−0.7228*	−0.4319*	−0.4489

注：* 表示通过信度 0.001 的显著性检验。

6.4.2 法向直接辐射和其他气象要素的关系

同样，分析太阳山地区观测期观测得到的逐日气温（平均气温、最高气温、最低气温）、气压、相对湿度（平均相对湿度、最高相对湿度、最低相对湿度）与法向直接辐射的关系。

表 6.23 为各气象要素与法向直接辐射的相关系数。从表可知，日照时数、相对湿度、气温日较差对法向直接辐射和总辐射的相关系数符号一致，大小相当，且均达显著相关，即法向直接辐射和日照时数显著正相关，相关系数为 0.8563，和相对湿度显著负相关，相关系数在−0.6767～−0.2982。法向直接辐射与平均风速、气温（平均气温、最高气温、最低气温）、气压关系较前面所述几个要素与法向直接辐射的关系明显降低。由此可见，法向直接辐射对日照时数、相对湿度、气温日较差的敏感性较强，日照时数增大，相对湿度减小、气温日较差增大，法向直接辐射增加；对平均气温、最高气温的敏感性稍大于对最低气温的敏感性，对风速、气压等气象要素不敏感。

表 6.23 太阳山地区观测期法向直接辐射与各气象要素的相关系数

日照时数	平均气温	最高气温	最低气温	气温日较差	平均风速	平均相对湿度	最高相对湿度	最低相对湿度	气压
0.8563*	0.1967*	0.2787*	0.0798	0.6288*	−0.0728	−0.2982*	−0.6767*	−0.4330*	−0.0572

注：* 表示通过信度 0.001 的显著性检验。

6.5 长年代太阳辐射变化特征分析

6.5.1 资料处理方法

由于项目厂址拟建区太阳辐射观测数据仅有一年，观测时间短，代表性不强，实测辐射资料远不能满足研究和应用需求，需要借助各种辐射气候统计学方法反演长年代资料。因此，在我们采用数理统计方法反演得到太阳山地区近 30 a 历年逐日总辐射和法向直接辐射，在此基础上，本章节中进行近 30 a 太阳能资源的分析及评估。

6.5.2 总辐射变化分析

6.5.2.1 总辐射年际变化特征分析

太阳山地区近 30 a（1986—2015 年）各年太阳总辐射如表 6.24 所示，年际变化趋势图如图 6.31 所示。由图表可知，其数值区间在 1649.0～1901.6 kW·h/m^2，1987 年总辐射最多，2015 年最少，相差 252.6 kW·h/m^2；从变化趋势上看，近 30 a 拟建区总辐射呈明显减少趋势：近 30 a 总辐射年平均值为 1748.7 kW·h/m^2，近 20 a（1996—2015 年）为 1722.7 kW·h/m^2，近 10 a（2006—2015 年）为 1708.9 kW·h/m^2；近 10 a 和第一个 10 a（1986—1995 年）减少

91.6 kW·h/m²,较第二个 10 a(1996—2005 年)减少 27.8 kW·h/m²。近 30 a 中有 12 a 总辐射高于平均值,近 10 a 只有 1 年高于平均值。

表 6.24 太阳山地区近 30 年年总辐射

单位:kW·h/m²

年份	总辐射	年份	总辐射	年份	总辐射
1986	1846.6	1996	1758.4	2006	1697.8
1987	1901.6	1997	1784.8	2007	1689.0
1988	1786.8	1998	1715.6	2008	1748.0
1989	1748.8	1999	1782.9	2009	1729.5
1990	1735.5	2000	1766.9	2010	1711.7
1991	1831.8	2001	1735.3	2011	1674.0
1992	1737.8	2002	1746.2	2012	1755.3
1993	1788.8	2003	1691.5	2013	1723.2
1994	1778.8	2004	1659.1	2014	1711.2
1995	1848.2	2005	1725.5	2015	1649.0
平均	1748.7				

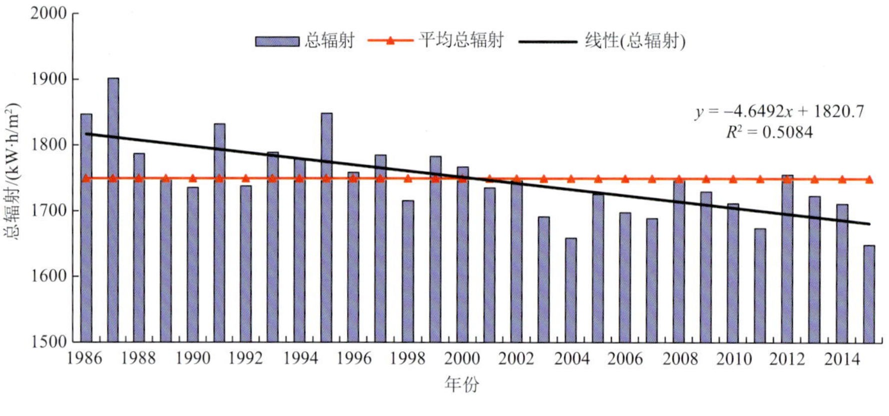

图 6.31 太阳山地区近 30 a 总辐射年际变化

6.5.2.2 总辐射季节变化

表 6.25 和图 6.32 为项目所在地近 30 a 季节总辐射。可看出,四个季节的总辐射差异较大,其中夏季最大,春季次之,冬季最小。近 30 a 春、夏、秋、冬年平均总辐射值分别为 499.7 kW·h/m²、591.3 kW·h/m²、366.9 kW·h/m²、290.3 kW·h/m²。从变化趋势可以看出,近 30 a 各季节总辐射都呈减少趋势,秋季减小趋势最大。近 10 a 春、夏、秋、冬年平均总辐射值分别为 494.9 kW·h/m²、581.0 kW·h/m²、352.2 kW·h/m²、283.6 kW·h/m²;近 10 a 春季和夏季较 30 a 平均总辐射偏多的年份较多,而秋季和冬季则是偏少的年份较多。

表 6.25　太阳山地区近 30 a 季节总辐射

单位：kW · h/m²

年份	春季	夏季	秋季	冬季	年份	春季	夏季	秋季	冬季
1986	515.7	610.2	413.2	313.6	2001	504.4	604.6	341.3	285.2
1987	529.0	648.9	416.7	298.0	2002	477.1	613.6	368.3	292.4
1988	490.1	615.3	377.6	310.3	2003	465.5	565.3	362.3	289.8
1989	532.9	576.0	370.1	274.7	2004	504.1	520.6	336.4	306.9
1990	481.6	593.9	363.8	285.5	2005	515.8	592.4	340.1	275.3
1991	492.7	636.7	409.1	302.2	2006	486.5	574.6	374.2	261.2
1992	469.7	585.3	370.5	311.3	2007	508.9	559.6	341.3	281.8
1993	504.9	597.0	393.5	290.0	2008	509.9	605.6	349.0	276.7
1994	516.7	585.6	386.4	289.8	2009	493.1	601.8	354.0	283.8
1995	554.3	611.1	374	309.2	2010	472.6	594.0	358.1	282.2
1996	489.7	574.0	379.6	311.2	2011	497.5	587.5	315.8	282.9
1997	515.6	597.3	380.3	303.1	2012	498.1	598.6	381.0	279.4
1998	440.8	604.6	393.5	270.7	2013	509.7	555.6	366.2	279.4
1999	508.9	601.7	365.6	303.6	2014	498.6	578.3	348.6	285.4
2000	533.6	596.2	341.7	300.9	2015	474.1	553.9	333.3	296.4

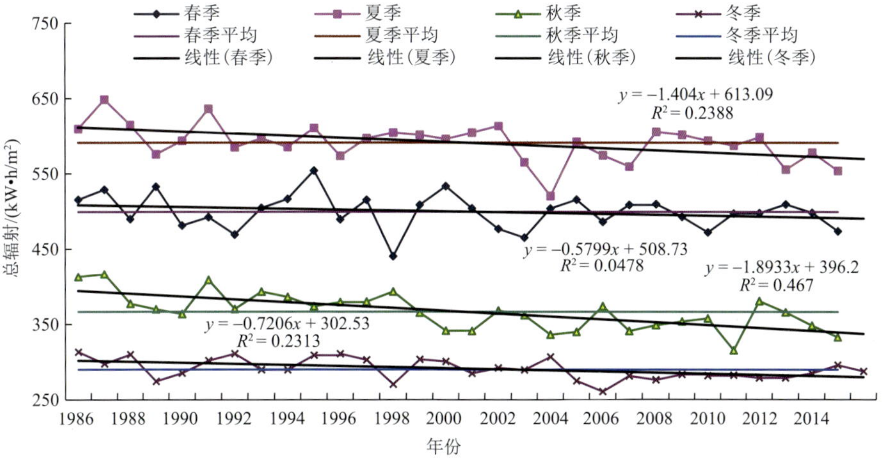

图 6.32　太阳山地区近 30 a 总辐射季节变化

6.5.2.3　总辐射年变化

表 6.26 和图 6.33 为太阳山地区近 30 a 的月平均总辐射。近 30 a 各月总辐射在 88.5～202.4 kW · h/m²,6 月最大,12 月最小。4—8 月总辐射值较大,均在 166 kW · h/m² 以上。

表 6.26　太阳山地区近 30 a 逐月总辐射(GHI)

单位：kW · h/m²

	1 月	2 月	3 月	4 月	5 月	6 月	7 月	8 月	9 月	10 月	11 月	12 月	年
GHI	95.5	106.8	140.7	166.5	192.6	202.4	202.1	186.8	144.9	126.5	95.4	88.5	1748.7

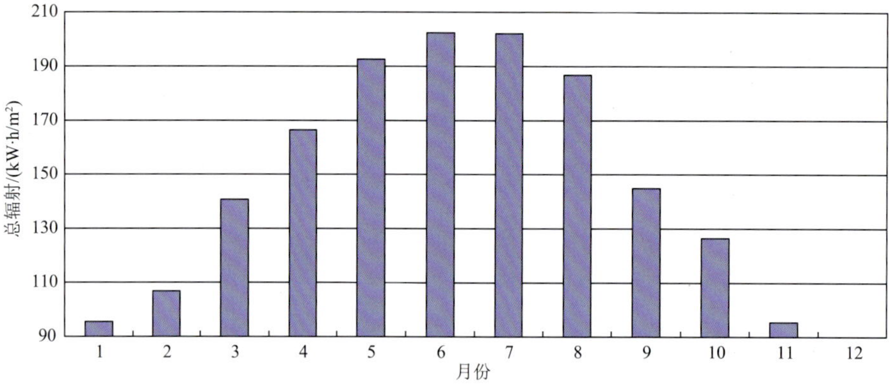

图 6.33　太阳山地区近 30 a 总辐射年变化

6.5.3　法向直接辐射变化分析

6.5.3.1　法向直接辐射年际变化

我们采用数理统计方法反演得到太阳山地区近 30 a 历年逐日总辐射和法向直接辐射，根据反演得到的数据统计分析太阳山地区近 30 a(1986—2015 年)各年太阳法向直接辐射，如表 6.27，年际变化趋势图如图 6.34 所示。由图表可知，年法向直接辐射在 1572.7～1908.9 kW · h/m²，1987 年最多，2004 年最少，相差 336.2 kW · h/m²；从变化趋势上看，近 30 a 拟建区法向直接辐射明显减少：近 30 a 法向直接辐射年平均为 1695.6 kW · h/m²，近 20 a(1996—2015 年)为 1658.9 kW · h/m²，近 10 a(2006—2015 年)为 1639.9 kW · h/m²；

表 6.27　太阳山地区近 30 a 年法向直接辐射

单位：kW · h/m²

年份	法向直接辐射	年份	法向直接辐射	年份	法向直接辐射
1986	1830.8	1996	1713.2	2006	1615.5
1987	1908.9	1997	1746.1	2007	1607.9
1988	1758.4	1998	1648.8	2008	1685.9
1989	1680.7	1999	1747.2	2009	1666.4
1990	1687.7	2000	1716.1	2010	1648.8
1991	1812.5	2001	1665.8	2011	1586.9
1992	1697.7	2002	1691.5	2012	1694.4
1993	1750.7	2003	1620.3	2013	1665.4
1994	1731.2	2004	1572.7	2014	1635.5
1995	1830.8	2005	1658.4	2015	1591.9
平均	1695.6				

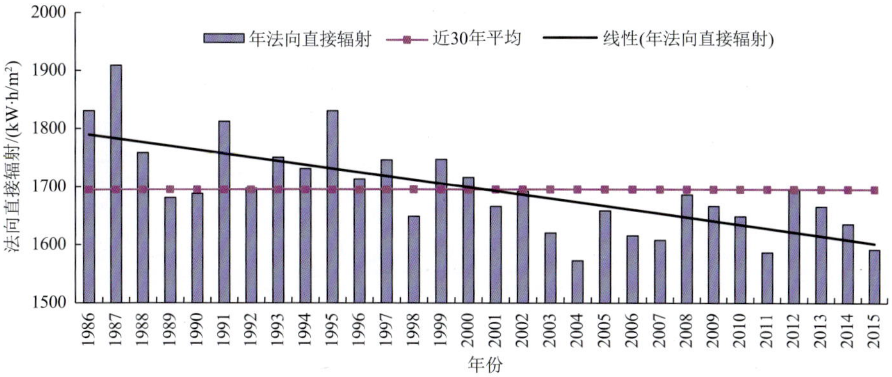

图 6.34　太阳山地区近 30 a 年法向直接辐射变化

近 10 a 较第一个 10 a(1986—1995 年)减少 129.1 kW·h/m^2,较第二个 10 a(1996—2005 年)减少 38.2 kW·h/m^2。近 10 a 每年都较多年平均偏少。

6.5.3.2　法向直接辐射季节变化

表 6.28 和图 6.35 为项目所在地近 30 a 季节法向直接辐射。从中可以看出,法向直接辐射季节间差异较总辐射减小;大部分年份法向辐射夏季最大,秋季次之,春季最小。近 30 a 春、夏、秋、冬年平均法向直接辐射分别为 372.9 kW·h/m^2、514.4 kW·h/m^2、412.7 kW·h/m^2、394.1 kW·h /m^2。近 10 a 春、夏、秋、冬年平均法向直接辐射分别为 365.8 kW·h/m^2、501.0 kW·h/m^2、393.0 kW·h/m^2、382.8 kW·h/m^2,各季都为年代最小值。从变化趋势可以看出,近 30 a 各季节法向直接辐射呈减少趋势,秋季减少趋势最大,春季最小。

表 6.28　太阳山地区近 30 a 季节法向直接辐射

单位: kW·h/m^2

年份	春季	夏季	秋季	冬季	年份	春季	夏季	秋季	冬季
1986	392.8	539.2	475.0	434.2	2001	369.6	531.9	378.6	398.1
1987	412.8	593.3	479.9	407.5	2002	343.6	543.9	414.7	393.6
1988	366.6	548.3	427.2	427.4	2003	326.3	479.0	406.7	421.7
1989	412.3	491.6	417.1	367.8	2004	378.3	416.5	371.5	369.0
1990	355.0	519.5	408.7	386.4	2005	395.2	514.2	376.6	344.8
1991	366.8	576.6	469.5	414.8	2006	356.4	489.5	422.4	380.0
1992	341.3	507.5	418.1	429.1	2007	384.6	469.8	378.1	370.2
1993	381.4	521.0	448.4	394.0	2008	381.0	533.8	389.2	383.4
1994	392.8	505.5	438.9	393.7	2009	364.3	527.8	396.3	380.7
1995	439.2	543.2	422.2	426.7	2010	341.5	517.6	400.8	381.8
1996	357.7	490.2	429.7	428.9	2011	368.5	508.8	344.3	374.8
1997	396.0	522.3	431.0	416.3	2012	367.6	523.6	431.5	375.8
1998	297.9	531.2	448.5	361.1	2013	392.0	465.0	411.6	386.2
1999	386.8	527.2	410.8	417.1	2014	364.7	496.0	388.0	405.0
2000	415.9	519.5	378.5	411.4	2015	337.0	477.6	367.3	389.8

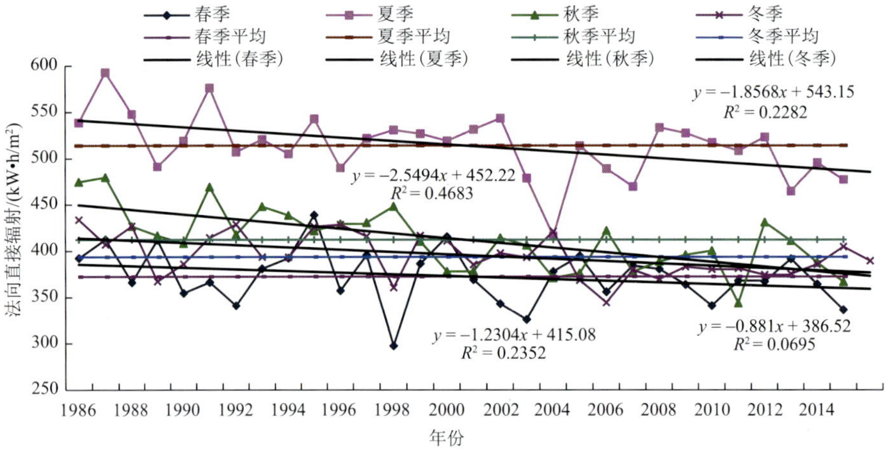

图 6.35 太阳山地区近 30 a 法向直接辐射季节变化

6.5.3.3 法向直接辐射年变化

表 6.29 和图 6.36 为太阳山地区近 30 a 的月平均法向直接辐射。近 30 a 各月法向直接辐射在 117.0～180.8 kW·h/m^2,6 月最大,12 月最小。

表 6.29 太阳山地区近 30 a 月法向直接辐射(DNI)

单位：kW · h/m^2

	1 月	2 月	3 月	4 月	5 月	6 月	7 月	8 月	9 月	10 月	11 月	12 月	年
DNI	128.2	150.5	111.3	117.9	143.6	180.8	177.1	156.5	167.9	142.4	102.3	117.0	1695.6

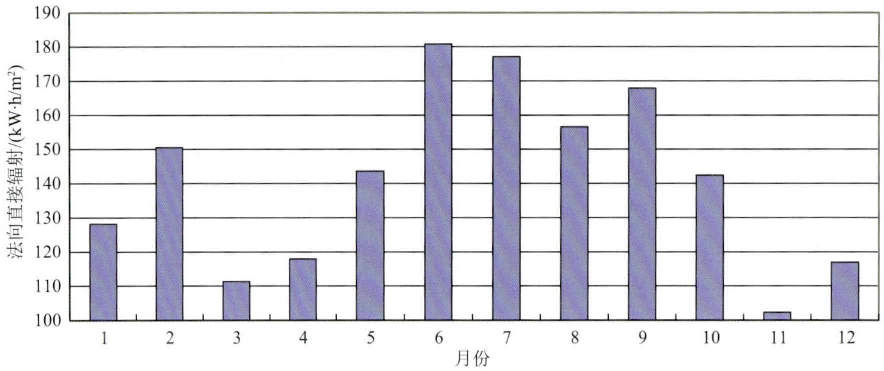

图 6.36 太阳山地区近 30 a 法向直接辐射年变化

6.5.4 现场观测时段在长系列中的代表性分析

由以上分析可知,项目厂址拟建区观测年总辐射和法向直接辐射均较代表年和近 30 a 的平均辐射小(表 6.30、表 6.31,图 6.37、图 6.38),其季节、年及逐日变化特征基本一致。从日照时数来看(表 6.32、图 6.37),观测年 1 月、3—5 月、9—12 月共有 8 个月的日照时数较近 30 a 平均值偏少,1 月、4—6 月、9—11 月共有 7 个月的日照时数较代表年偏少。与近

30 a 历年总辐射(图 6.39)、法向直接辐射(图 6.40)和日照时数(图 6.41)相比,观测年全年总辐射为第 9 低值,法向直接辐射为第 8 低值,日照时数为第 6 低值;但与 21 世纪以来相比,观测年总辐射和法向直接辐射接近多年平均值,日照时数仍然偏少。由此可见,观测年不能很好地代表当地长期(近 30 a)太阳能资源状况,但与 21 世纪以来(近 15 a)平均值接近。

表 6.30 太阳山地区逐月总辐射

单位: kW · h/m²

	1月	2月	3月	4月	5月	6月	7月	8月	9月	10月	11月	12月	年
观测年	91.6	112.8	135.3	172.2	196.8	200.9	200.4	185.8	126.4	128.2	78.1	83.8	1712.3
代表年	90.3	107.4	139.3	167.6	191.2	210.0	196.3	192.3	157.3	128.3	95.4	79.9	1755.3
30 a 平均	95.5	106.8	140.7	166.5	192.6	202.4	202.1	186.8	144.9	126.5	95.4	88.5	1748.7

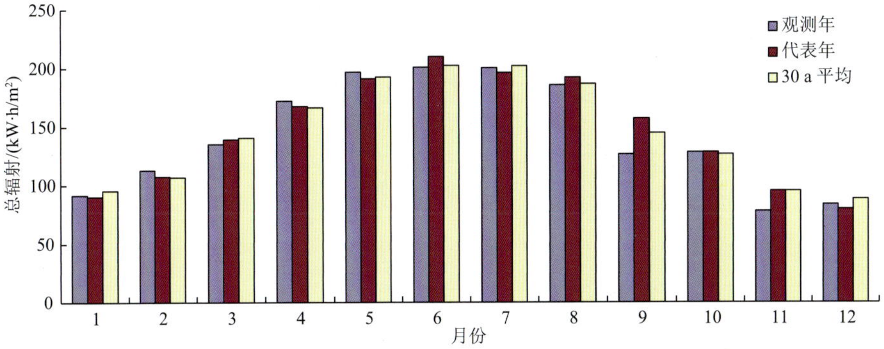

图 6.37 太阳山地区总辐射年变化

表 6.31 太阳山地区法向直接辐射年变化

单位: kW · h/m²

	1月	2月	3月	4月	5月	6月	7月	8月	9月	10月	11月	12月	年
观测年	123.9	137.4	103.4	124.4	145.1	165.7	170.2	171.0	129.1	139.1	99.2	128.4	1637.0
代表年	119.4	150.7	108.5	120.9	138.1	191.7	168.7	163.2	185	145	101.5	101.7	1694.4
30 a 平均	128.2	150.5	111.3	117.9	143.6	180.8	177.1	156.5	167.9	142.4	102.3	117.0	1695.6

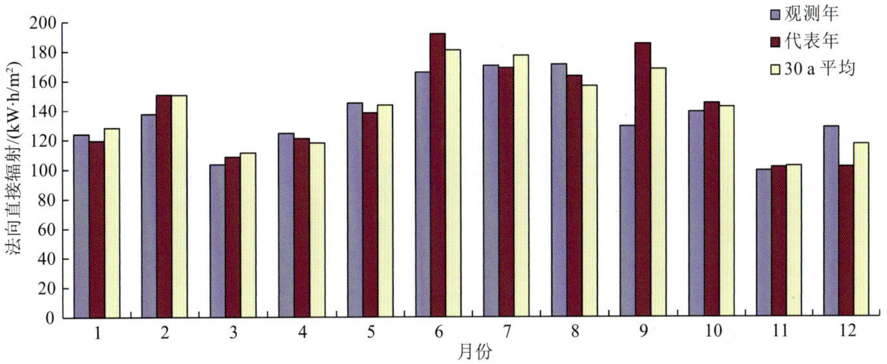

图 6.38 太阳山地区法向直接辐射年变化

表 6.32　太阳山地区日照时数年变化

单位：kW · h/m²

	1 月	2 月	3 月	4 月	5 月	6 月	7 月	8 月	9 月	10 月	11 月	12 月	年
观测年	210.1	227.3	212.7	240.1	271.7	283.8	300.2	284.4	199.4	226.5	168.0	202.2	2826.4
代表年	218.3	195.1	198.2	270.3	285.7	309.8	294.9	271.9	240.8	250.7	223	172.9	2931.6
30 a 平均	215.9	201.6	232.5	252.8	280.7	281.4	283.7	267.5	219.8	227.5	216.7	216.0	2896.1

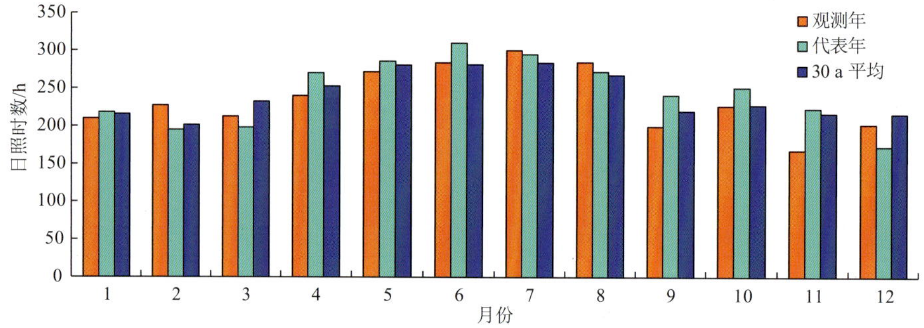

图 6.39　太阳山地区日照时数年变化

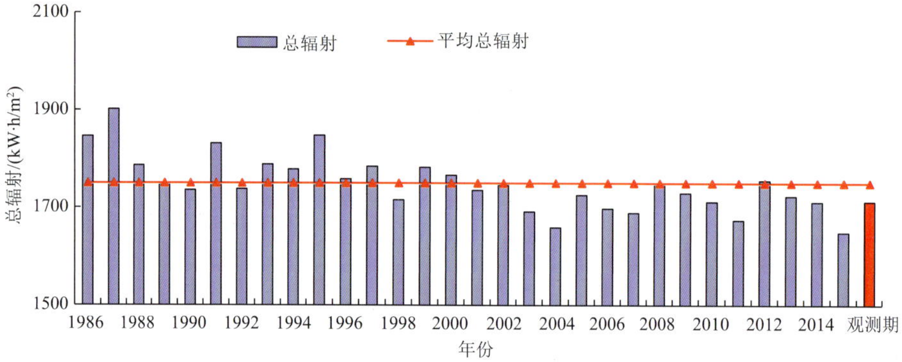

图 6.40　太阳山地区观测年总辐射及近 30 a 总辐射

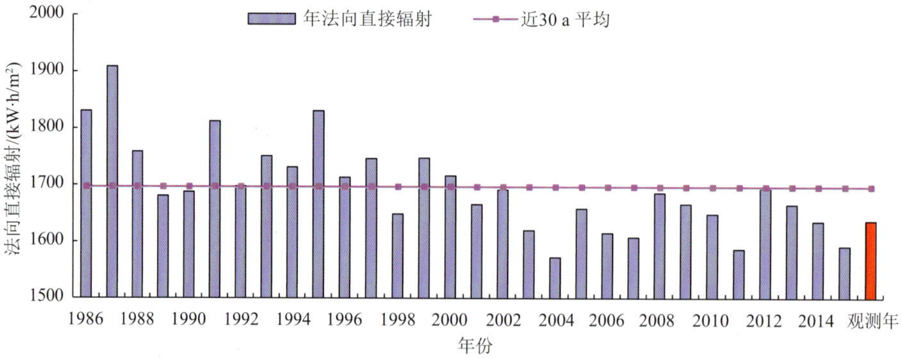

图 6.41　太阳山地区观测年法向直接辐射及近 30 a 法向直接辐射

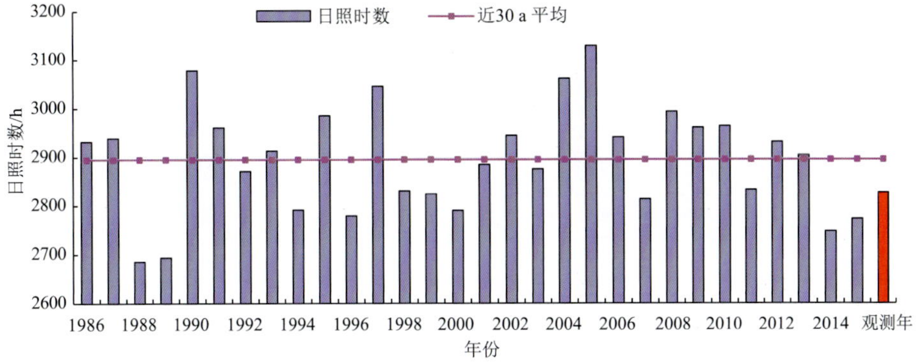

图 6.42 太阳山地区观测年日照时数及近 30 a 日照时数

6.6 区域太阳能资源空间分析

根据观测年各季节总辐射、法向直接辐射和日照时数的关系，建立相关方程，采用太阳山地区域内中卫、中宁、灵武、同心、盐池等地近 30 a 逐日日照时数反演得到各地逐日的总辐射和法向直接辐射，在此基础上统计各地各年、各季节、各月的总辐射和法向直接辐射(表 6.33)。

表 6.33 区域内辐射与日照时数的关系

	相关系数	相关方程	方程描述
总辐射	0.9015	$y=1.7424+0.4747x$	y 为总辐射，单位为 kW·h/m²，x 为日照时数，单位均为 h
	0.9184	$y=2.0026+0.4639x$	
	0.9266	$y=0.8551+0.4302x$	
	0.819	$y=1.2397+0.2742x$	
法向直接辐射	0.8418	$y=-1.1124+0.656x$	y 为法向直接辐射，单位为 kW·h/m²，x 为日照时数，单位均为 h
	0.8730	$y=-1.031+0.6929x$	
	0.9050	$y=-0.3854+0.6775x$	
	0.7815	$y=-0.5473+0.6777x$	

6.6.1 太阳能资源年平均值分析

表 6.34 和图 6.43、图 6.44、图 6.45、图 6.46 为太阳山地区域内各地近 30 a 平均总辐射、法向直接辐射和日照时数分布。由图可见，区域内各地总辐射和法向直接辐射差别不大，总辐射在 1726.1～1784.7 kW·h/m²，法向直接辐射在 1656.3～1758.3 kW·h/m²，日照时数在 2853.3～2985.2 h，日照百分率在 64.1%～67.1%；总辐射、法向直接辐射、日照时数及日照百分率均为盐池最小，其次为太阳山地区，灵武和中宁较大。区域平均总辐射为 1762.8 kW·h/m²，法向直接辐射为 1726.2 kW·h/m²，日照时数为 2936.7 h，日照百分率

为 65.9%。

表 6.34 空间区域近 30 a 年太阳能资源平均值

	拟建区	中卫	中宁	同心	盐池	灵武	平均
总辐射/(kW·h/m²)	1748.7	1777.9	1783.9	1755.5	1726.1	1784.7	1762.8
法向直接辐射/(kW·h/m²)	1695.6	1750.4	1758.3	1723.6	1673.2	1756.3	1726.2
日照时数/h	2896.1	2975.9	2985.2	2927.0	2853.3	2982.4	2936.7
日照百分率/%	65.0	66.8	67.0	65.7	64.1	67.1	65.9

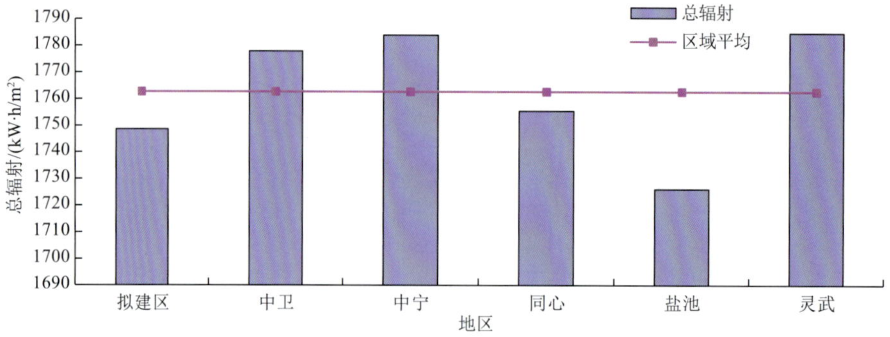

图 6.43 空间区域年总辐射

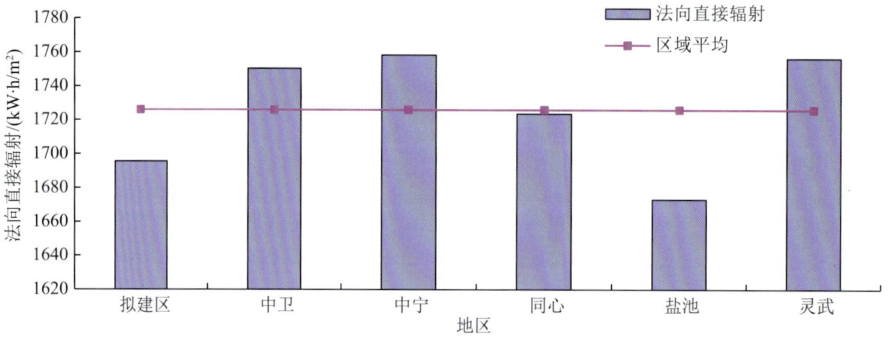

图 6.44 空间区域年法向直接辐射

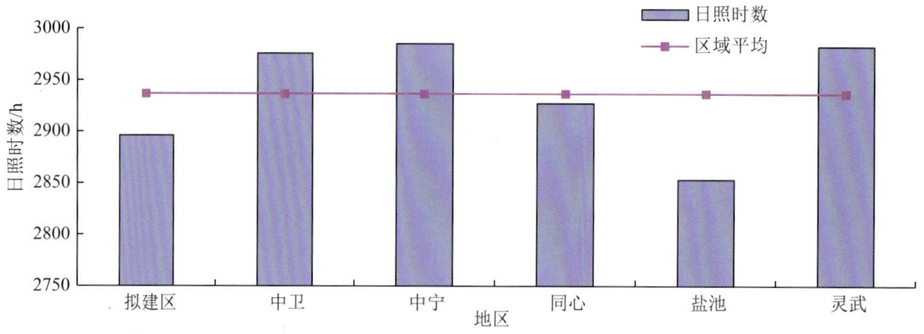

图 6.45 空间区域年日照时数

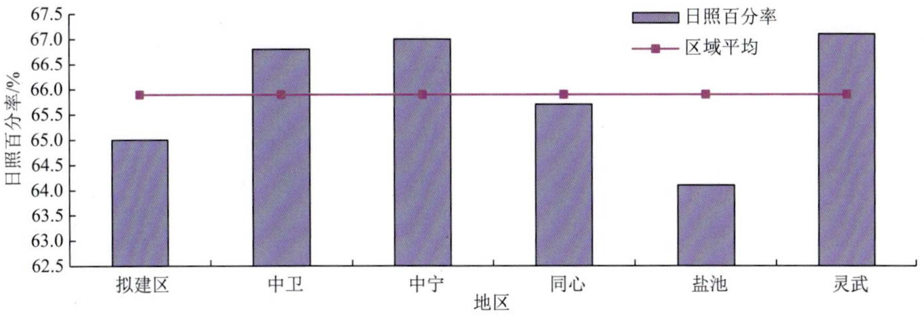

图 6.46 空间区域年日照百分率

6.6.2 太阳能资源季节平均值分析

表 6.35 和图 6.47、图 6.48、图 6.49、图 6.50 为太阳山地区域内各地近 30 a 各季节平均总辐射、法向直接辐射和日照时数分布。由图表可见，区域内总辐射和法向直接辐射均为太阳山地区春季最小，夏季最大，其他季节各地差别不大。各地太阳总辐射均为夏季最大，春季次之，冬季最小；法向直接辐射夏季最大，其次为秋季，除太阳山地区外，其他地区均为冬季最小。总辐射春季为 499.7～542.0 kW·h/m^2，夏季在 559.1～591.3 kW·h/m^2，秋季在 364.5～374.5 kW·h/m^2，冬季在 281.8～290.3 kW·h/m^2；法向直接辐射春季为 372.9～432.7 kW·h/m^2，夏季在 473.7～514.4 kW·h/m^2，秋季在 412.7～435.3 kW·h/m^2，冬季在 374.1～394.1 kW·h/m^2；日照时数春季为 759.7～804.0 h，夏季在 808.1～867.8 h，秋季在 664.0～689.6 h，冬季在 619.7～644.5 h。各地日照百分率均为冬季最大，夏季最小，春秋季差别较小，且各季节均为盐池最小；春季为 63.5%～67.1%，夏季在 61.3%～65.9%，秋季在 64.7%～67.2%，冬季在 68.0%～70.1%。

表 6.35 太阳山地区域近 30 a 各季节太阳能资源平均值

		拟建区	中卫	中宁	同心	盐池	灵武	平均
总辐射/(kW·h/m^2)	春季	499.7	540.1	536.9	527.7	520.9	542.0	533.5
	夏季	591.3	577.7	586.8	571.4	559.1	585.6	576.1
	秋季	366.9	371.8	374.5	368.2	364.5	374.3	370.7
	冬季	290.3	288.6	285.9	288.3	281.8	282.8	285.5
法向直接辐射/(kW·h/m^2)	春季	372.9	429.7	425.9	414.5	405.6	432.7	421.7
	夏季	514.4	500.3	513.6	493.3	473.7	512.6	498.7
	秋季	412.7	430.9	435.3	426.4	420.4	434.9	429.6
	冬季	394.1	389.8	383.9	389.8	374.1	375.8	382.7
日照时数/h	春季	766.0	800.4	793.4	774.1	759.7	804.0	782.9
	夏季	832.7	848.1	867.8	834.7	808.1	865.2	842.8
	秋季	664.0	683.3	689.6	675.1	666.5	689.1	677.9
	冬季	634.4	644.5	634.8	643.5	619.7	623.5	633.4

续表

		拟建区	中卫	中宁	同心	盐池	灵武	平均
日照百分率/%	春季	64.2	67.0	66.4	64.9	63.5	67.1	65.5
	夏季	63.3	64.3	65.9	63.7	61.3	65.5	64.0
	秋季	64.7	66.6	67.2	65.7	65.0	67.2	66.1
	冬季	69.0	70.1	69.0	69.9	68.0	69.2	69.2

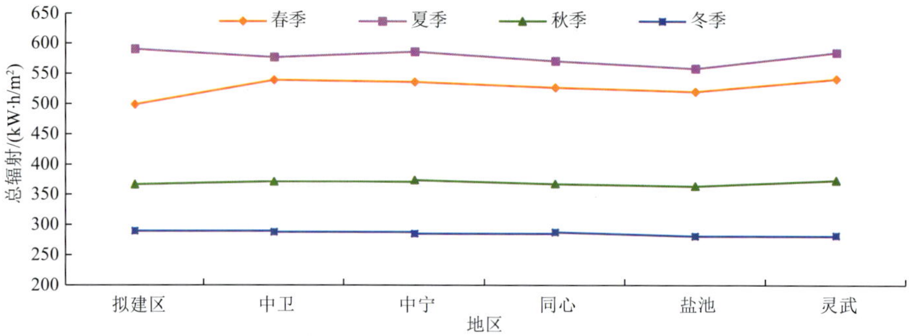

图 6.47　太阳山地区域季节总辐射

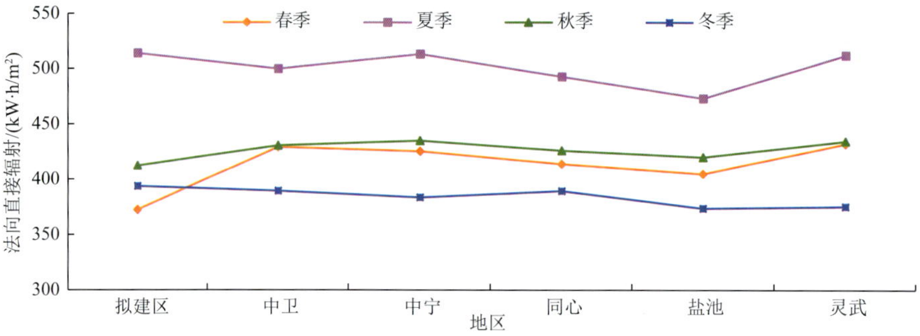

图 6.48　太阳山地区域季节法向直接辐射

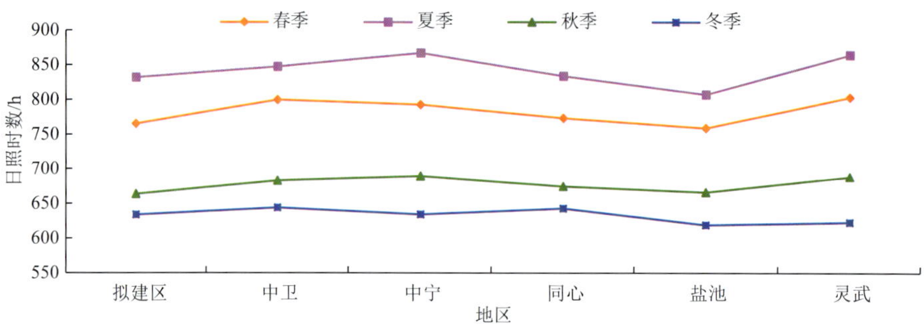

图 6.49　太阳山地区域季节日照时数

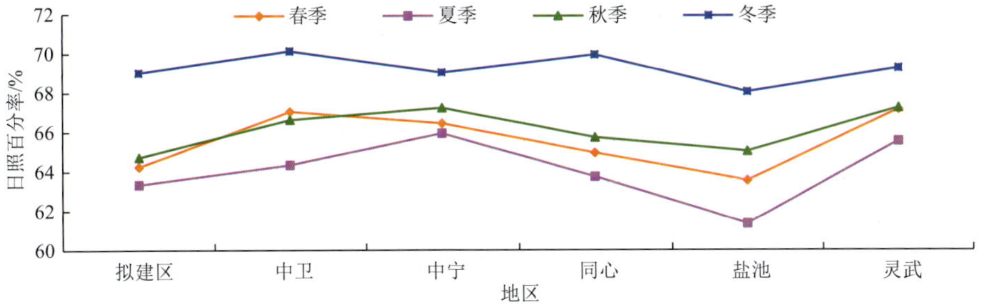

图 6.50 太阳山地区域季节日照百分率

6.6.3 太阳能资源逐月平均值分析

表 6.36 和图 6.51、图 6.52、图 6.53、图 6.54 为太阳山地区域内各地近 30 a 逐月平均总辐射、法向直接辐射和日照时数分布。由图表可见，区域内各地年变化趋势基本一致，上半年逐渐增大，下半年逐渐减小，且 4—8 月维持较高水平，9 月—次年 2 月较低。总辐射 1 月、4—8 月、10 月和 12 月各地差别不大，2 月和 9 月太阳山地区最大，3 月和 11 月太阳山地区最小。法向直接辐射 1 月、6—8 月、10 月各地差别不大，2 月和 9 月太阳山地区最大，3—5 月、11 月和 12 月太阳山地区最小。总辐射最大值在 189～202 kW·h/m²，最小值在 89～93 kW·h/m²；法向直接辐射最大值在 162～181 kW·h/m²，最小值在 102～127 kW·h/m²；日照时数最大值在 278～294 h。与日照时数分布不同，日照百分率 11 月最大，各地在 70.0%～72.9%，9 月最小，在 58.9%～62.6%。

表 6.36 太阳山地区域近 30 a 各月太阳能资源平均值

		1月	2月	3月	4月	5月	6月	7月	8月	9月	10月	11月	12月
总辐射/(kW·h/m²)	拟建区	96	107	141	167	193	202	202	187	145	127	95	89
	中卫	98	93	169	177	194	195	194	189	123	128	121	97
	中宁	97	92	168	176	193	197	198	192	126	128	121	97
	盐池	96	90	163	172	186	188	189	182	121	126	117	96
	同心	98	92	166	172	189	191	192	188	122	125	120	98
	灵武	96	91	169	178	196	197	200	189	126	129	119	96
	平均	97	95	166	177	196	197	197	188	128	128	116	95
法向直接辐射/(kW·h/m²)	拟建区	128	151	111	118	144	181	177	157	168	142	102	117
	中卫	131	129	127	142	161	172	168	160	143	149	139	130
	中宁	128	126	126	140	160	176	174	164	148	149	139	130
	盐池	127	121	120	134	151	162	161	151	141	145	134	125
	同心	131	126	124	136	155	168	165	160	143	145	139	132
	灵武	126	124	127	142	164	175	176	161	148	150	136	127
	平均	129	130	123	135	156	172	170	159	149	147	132	127

续表

		1月	2月	3月	4月	5月	6月	7月	8月	9月	10月	11月	12月
日照时数/h	拟建区	216	202	233	253	281	281	284	268	220	228	217	216
	中卫	217	212	243	263	294	290	285	273	226	236	222	216
	中宁	213	206	240	261	293	295	294	279	233	236	221	215
	盐池	211	199	230	251	278	275	274	259	222	231	213	209
	同心	217	207	237	253	284	283	280	272	225	230	220	219
	灵武	209	204	241	264	298	294	296	274	234	238	217	211
	平均	214	205	237	258	288	286	285	271	227	233	218	214
日照百分率/%	拟建区	69.6	67.2	63.5	64.2	64.7	62.7	63.6	63.7	58.9	65.2	71.3	69.6
	中卫	69.9	70.7	66.4	66.8	67.8	64.6	63.7	64.8	60.5	67.6	72.9	69.9
	中宁	68.7	68.8	65.5	66.3	67.4	65.6	65.7	66.5	62.5	67.6	72.6	68.7
	盐池	68.0	66.3	62.9	63.9	64.1	61.5	61.8	61.7	59.6	66.1	70.0	68.0
	同心	70.0	69.2	64.7	64.1	65.3	62.9	62.4	64.6	60.3	65.8	72.7	70.0
	灵武	67.5	68.1	65.9	66.9	68.3	65.4	65.9	65.2	62.6	68.3	71.7	67.5
	平均	69.0	68.4	64.8	65.4	66.3	63.8	63.8	64.4	60.8	66.8	71.8	69.0

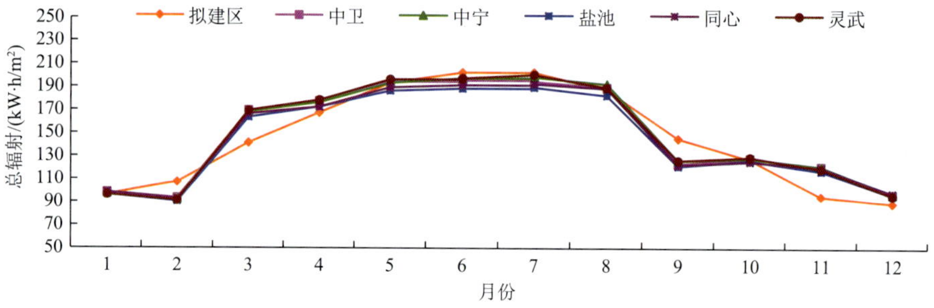

图 6.51 太阳山地区区域逐月总辐射

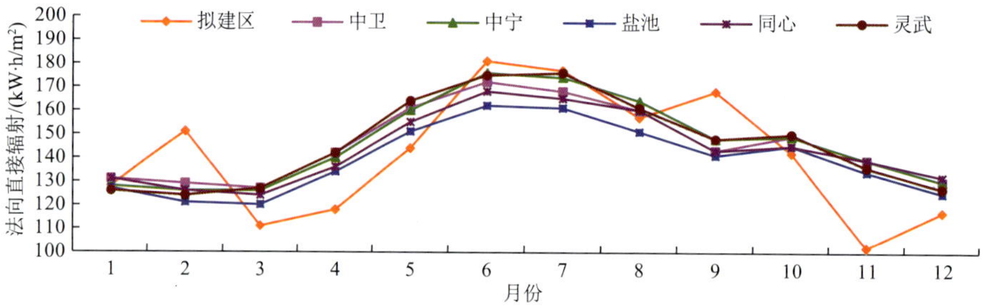

图 6.52 太阳山地区区域逐月法向直接辐射

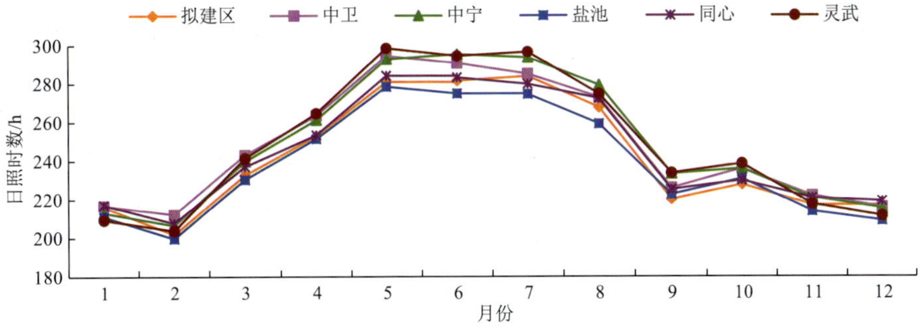

图 6.53　太阳山地区域逐月日照时数

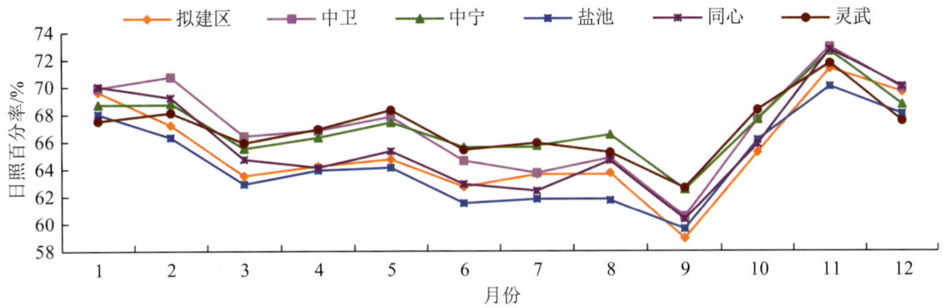

图 6.54　太阳山地区域逐月日照百分率

第 7 章
风能太阳能开发利用高影响天气及灾害预警

7.1 新能源开发利用高影响天气

气象灾害一般包括天气、气候灾害和气象次生、衍生灾害。风电场一般建设在空旷的自然环境中，各种气象灾害都会或多或少危害风电场和内部人员安全。研究表明，影响电力系统的气象灾害主要有大风、雷电、低温冰冻、暴雨、沙尘暴、高温等。气象灾害对风电场的影响可以分成安全类影响、效益类影响、生态类影响这3类。安全类影响指该气象灾害对风电场人员安全危害和设备故障损毁。例如，风机倒塌、输电线路折断、升压站设备故障、建筑道路毁坏、工作人员受伤等，大风、雷电、低温冰冻、暴雨、沙尘暴、高温等气象灾害对风电场均会产生安全类影响。效益类影响指设备不会大面积损毁，但工作效率降低。覆冰、沙尘、雨水会使风机输出功率降低，高温天气为保证设备安全低功率运行。生态类影响指气象灾害破坏风电场周围生态环境。大风、雷电、高温可能引发火灾，暴雨、次生灾害（滑坡、泥石流）造成水土流失。电火花可能引发火灾；低温冰冻导致长时间停机造成发电量损失，覆冰对风电场的影响表现在可能对叶片、导线等其他设备造成危害，低温使润滑油黏稠影响设备运行，影响电子元件性能，积冰掉落引发安全问题；暴雨诱发山洪，冲毁风电场内建筑和道路，引发内涝淹没地面设备，雨水会侵蚀叶片、阻碍叶片运行；沙尘暴主要影响在于大风破坏和沙尘撞击叶片等敏感设备，沙尘积累在叶片，使得风机功率输出降低；高温要注意电子设备安全，防止产生火灾、爆炸，注意工作人员安全。一次灾害发生后还要继续关注次生灾害的发生，注意暴雨引起的滑坡、泥石流，以及高温干旱引发山林草原火灾等次生灾害危害风电场。

风电场可以划分为风电机组（风电机、箱式变压器）、集电线路（架空、地埋）、升压站、建筑（监控室、生活区）、道路这5个单元。各气象灾害对风电场各单元的危害程度，见表7.1。可以发现，大风、沙尘暴、低温冰冻、暴雨、次生灾害这些气象灾害破坏范围大，影响时间长，对风电场各单元安全都有威胁；雷电对道路影响较小，对其他单元，特别是电力设备危害较大；高温对风电场的影响相对较小，主要损害风电机组、集电线路和升压站。不同地区风电场受到的气象灾害不同，同一气象灾害，灾害大小亦有不同（曾琦 等，2019）。

表 7.1 气象灾害对风电场内各划分单元影响情况

风电场划分单元	大风	雷电	低温冰冻	沙尘暴	暴雨	高温	次生灾害
风电机组	√	√	√	√	√	√	√
集电线路	√	√	√	√	√	√	√
升压站	√	√	√	√	√	√	√
建筑	√	√	√	√	√		√
道路		√	√	√	√		√

注：打√说明该单元会受到对应气象灾害破坏。

宁夏大风空间分布不均，山区大风日数较多，风速较大，大值区出现在贺兰山区、麻黄山和六盘山区。大风日数在山区达 40 d 以上，其他大部分地区大风日数为 10～20 d，各地大风日数逐月变化较为一致，多集中在春季，尤其 4 月最多，均在 2 d 以上(六盘山 12.9 d)，7—9 月最少，基本在 1 d 以下，其他月份平均在 1.5 d 左右。大风灾害北部多于南部，山顶、峡谷、空旷的地方多于盆地。大风出现时往往伴有沙尘暴，沙尘暴出现最多的地区是盐池、同心。出现最多的季节是春季，夏季次之，秋季最少。

宁夏各地年雷暴日数为 13.3～28.1 d，呈自南向北逐渐减少的分布规律，宁夏平均为 19.1 d。雷暴多发生于南部山区，年雷暴日数在 22 d 以上，泾源最多，达 28.1 d；引黄灌区大部的雷暴日数为 13.3～19.8 d，中部的青铜峡、吴忠一带雷暴日数不足 15 d。宁夏积雨云多出现在夏季，因此，夏季雷暴日最多，其次为春季、秋季，冬季未出现过雷暴天气。

宁夏年高温日数空间分布不均匀，纬度、地势地貌等对高温有很大影响，整体上随纬度升高，海拔自南向北降低，地形地貌由山地过渡至平原，气温南北差异远大于东西差异，总体上呈“北多南少”的分布特征，且主要出现在中北部，南部山区由于海拔较高，无高温事件。各地年平均高温日数(≥35 ℃的日数)为 0.0～5.9 d，宁夏平均为 1.7 d。引黄灌区易出现高温天气，年平均高温日数 0.6～5.9 d，大武口因地势较低且观测站位于城市里，高温日数为宁夏最多。

宁夏大暴雨很少发生，1961 年以来累计仅出现过 9 站次，其中大武口 2 次，贺兰、平罗、银川、盐池、麻黄山、隆德、泾源分别 1 次。除贺兰山外，宁夏未出现特大暴雨。随着极端天气的增加，观测站密度不断加密，近年来，贺兰山沿山观测到暴雨的频次明显增加，几乎每年都会至少出现 1 次。宁夏洪涝灾害呈南多北少的分布，主要以贺兰山沿山和南部山区为多。宁夏雨涝平均约 4 a 一遇；泾源、隆德阴湿地区 3 a 一遇，黄灌区次之，平均 3～4 a 一遇，西海固半干旱区 4～5 a 一遇，盐同干旱区 5～6 a 一遇。

滑坡和泥石流常常是由暴雨诱发的。其中滑坡灾害主要分布于南部山区黄土丘陵区，集中在西吉县葫芦河流域、海原县李俊堡、固原—隆德—泾源—彭阳公路沿线一带。暴雨是诱发滑坡灾害发生的天气因素，如 1996 年 7 月 26—27 日，南部山区普降特大暴雨，降水历时、范围、量级为宁夏少有。泥石流灾害主要发生在贺兰山沟谷及山前地带。贺兰山是宁夏的降雨中心之一，年平均降雨量 400 mm 以上，沟深坡陡，汇水条件比较好，基岩风化强烈，表层堆积了较厚的碎石及泥沙碎质屑物质，在暴雨条件下，极易形成暴雨泥石流。宁夏中部山区沟谷及六盘山地区，暴雨季节山洪携带大量泥沙，也极易形成泥石流。

7.2 新能源开发利用气象灾害预警

如期实现碳达峰、碳中和目标，不仅需要加快转变经济发展方式，构建以新能源为主体的新型电力系统，还要不断增强自然生态系统固碳能力。对此，气象部门应该也能够发挥更大作用、作出更大贡献。风能、太阳能作为气象能源，分布特征与气候条件息息相关。因此，风电、太阳能发电等新能源开发利用和高质量发展，不是简单地增加基础设施投入，而是需要提早开展气候资源科学规划。只有通过翔实的气候资源普查、科学分析气象条件，才能优化风电、太阳能发电等新型电力产业布局，最大限度提高风光利用率，形成风能、太阳能、水能等可再生能源与常规能源协同发展的格局。风、光等气候资源具有间歇性、不稳定性，导致风电、太阳能发电具有波动性等特点。如大面积持续性阴天、雨天、静风天可能对以新能源为主体的新型电力系统造成电力断供风险。因此，开展精准的风电、太阳能发电功率预报，对提升新能源并网调度水平、提高新能源装机利用率将发挥重要作用。同时，在全球气候变化背景下，极端天气增多增强，大范围低温雨雪冰冻、强风、雷暴、沙尘暴等灾害性天气可能损毁电力设施，影响能源安全。如2021年7月12日，山东强对流天气导致121台风机停运，受影响风电装机容量达22.21万kW。此外，高比例可再生能源开发意味着风电、太阳能发电装机量将大幅增长，这对气候、生态和环境的影响尚未明晰，亟待开展前瞻性研究。

开展精细化风能、太阳能气候区划。在全国范围开展太阳能气候资源精细化评估，在地形复杂的中东部和海上开展100 m高度以上的新一轮风能资源详查，从精细的时空分布、精准的资源特性、精确的变化规律等多个维度摸清我国风能、太阳能资源家底。同时，充分考虑生态保护红线和区域消纳因素，精算技术开发量，提出优先开发区，以精细化的风能、太阳能资源评估结果为基础，对新增新能源装机进行科学规划和布局。

在自然生态系统中，气候是最活跃的因素，是自然生态系统状况的综合反映，也是人类赖以生存和发展的基础，气候变化是影响自然生态系统最重要因素之一。

由此可见，为服务新型电力系统建设及其安全稳定运行，增强自然生态系统固碳能力，气象工作能在以下方面发挥重要作用。

发展精准化的风能、太阳能预报。针对大规模风电、太阳能发电并网运行和高比例可再生能源消纳需求，应建立和完善风能、太阳能资源预报业务体系，实现风能、太阳能预报实时检验全覆盖。其中，在电网端部署全国或区域性风能、太阳能气象预报服务产品，指导电力调度和消纳；在发电端部署针对风电场、太阳能电站所在位置的风能、太阳能预报产品，指导电力实时交易和电站运维。

推进新能源安全气象防灾减灾工作。在全国范围开展新能源开发利用气象灾害风险普查，发展风电、太阳能发电气象灾害预警技术，为新能源发电安全运行提供防灾减灾技术保障。同时，从科学技术、社会效益、经济发展等多维度评估大规模风能、太阳能开发利用的气候环境生态效应，弄清楚大规模风能、太阳能开发利用对生态环境和经济社会可能带来的利弊影响。

7.3 措施及成效

宁夏风能、太阳能资源丰富，适宜开发的风能和太阳能资源储量分别为1200万kW和1700万kW以上，占统调总装机容量的40%以上，为实现能源、经济、环境的和谐、绿色发展提供了得天独厚的条件。

依托丰富的风能太阳能资源开展的风电、光伏项目建设进度也在不断加快，2012 年宁夏被列为全国首个新能源综合示范区，银川也被列为新能源示范城市，青铜峡市被列为全国绿色能源示范县。全区陆续建成了贺兰山、太阳山、麻黄山等大型新能源集中区及永宁农光互补、贺兰渔光互补等示范项目区。新能源发电总装机规模突破 1100 万 kW，总装机容量位居全国第七、西北第三、装机占比位居全国及西北第三，成为我国大规模推广应用绿色能源的重要基地，其中风电装机 822 万 kW，太阳能发电装机 309 万 kW。新能源占一次能源消费比重达到 7.7%。同时，一条条特高压外送通道的打通，让新能源并网消纳有了新途径。据统计，宁夏银东及灵州—绍兴的两条特高压通道累计外送电量分别达到 2158 亿 kW · h、430 亿 kW · h。

7.4　效益评估

根据测算，如果将累计外送的 2588 亿 kW · h 的电能换成电煤，相当于外送煤炭 1.04 亿 t。若用火车拉运，按单列 3 万 t 的运载能力，需要 3485 余列方能运完。“输电”相当于减排受端二氧化碳 25802 万 t、碳粉尘 7039 万 t、二氧化硫 776 万 t、氮氧化物 388 万 t，环保效益和社会效益极为显著。且宁夏电网在西北地区同等条件下弃电率控制最好，新能源消纳总体水平位居全国前列。

7.5　发展与展望

未来宁夏新能源气象服务主要工作如下。

成立宁夏气候资源探测、评估、研究工作领导小组，系统全面开展宁夏太阳能资源调查，夯实太阳能资源开发利用基础。

聚焦宁夏太阳能资源开发重点区域，尽快构建结构合理、布局适当的太阳能资源气候观测站网，提升太阳能资源监测服务能力和水平。

各市（县）依据太阳能资源探测调查数据，结合土地利用、生态环境、产业规划布局等情况，推动开展精细化太阳能资源规划评估和重大工程项目气候可行性论证工作，为合理有序开发利用提供技术支撑。

将气候资源开发利用纳入产业规划、空间规划、区域规划、生态规划中，制定产业政策、布局产业项目、调整产业结构时充分考虑气候资源的分布和条件，促进宁夏产业结构优化调整和经济社会快速发展。

参考文献

高中正，戴法和，1984. 宁夏植被的基本特征和水平分布规律[J]. 宁夏农业科技(5)：26-31.

宁夏回族自治区统计局，国家统计局宁夏调查总队，2019. 宁夏统计年鉴：2019[M]. 北京：中国统计出版社.

孙娴，雷杨娜，姜创业，等，2012. 太阳能电站项目选址评估技术指南[S]. 北京：中国气象局预报与网络司：1-29.

王吉智，1990. 宁夏土壤[M]. 银川：宁夏人民出版社.

王豫，赵小艳，李艳春，等，2018. 宁夏平原湿地面积动态演变对局地气候效应的影响[J]. 生态环境学报，27(7)：1251-1259.

杨侃，桑建人，李艳春，等，2012. 宁夏 50 a 冰雹气候特征[J]. 干旱气象，30(4)：609-614.

杨兴国，孙银川，王素艳，等，2021. 宁夏气候与生态环境[M]. 北京：气象出版社.

曾琦，陈正洪，2019. 近年来气象灾害对风电场影响的研究进展[J]. 宁夏科技进展，9(2)：49-55.